Excel数据分析大百科全书 建模篇

韩小良 ○ 著

智能化数据汇总与分析
Power Query应用技能技巧

▶ 案例视频精华版

中国水利水电出版社
www.waterpub.com.cn
·北京·

内 容 提 要

对大对数人来说，Power Query 是一个陌生的工具，觉得很难学且很难掌握。其实，对于我们日常的数据处理和统计分析来说，掌握 Power Query 的主要使用方法和实际应用就足够了，毕竟，我们不是专业的数据分析师，也不需要建立多么复杂的数据模型来开发高端的 BI。

本书既不介绍对大多数初学者来说难懂的 M 语言，也不介绍在实际工作中用途不大的理论知识，而是应用 Power Query 解决实际工作中烦琐的数据整理、汇总和分析问题，只为解决问题而来，帮你快速提升数据处理效率，将你从烦人、累人的数据处理工作中解放出来。

本书精选来自企业第一线的 100 多个实际案例，并录制了 111 集共 296 分钟的教学视频，对 Power Query 的每个知识点、每个案例进行详细的讲解，手机扫描书中二维码，可以随时观看学习，快速掌握 Power Query 的相关知识和技能，能够亲自使用 Power Query 来解决实际工作中烦琐的、重复的数据处理工作。本书还赠送 30 个函数综合练习资料包、75 个分析图表模板资料包、《Power Query 自动化数据处理案例精粹》电子书等资源，方便大家随时查阅、参考学习。

本书适合具有 Excel 基础知识的各类人员阅读，也适合经常处理大量数据的各类人员阅读。本书也可作为大专院校经济类本科生、研究生和 MBA 学员的教材或参考书。

图书在版编目（CIP）数据

智能化数据汇总与分析：Power Query 应用技能技巧：案例视频精华版 / 韩小良著. -- 北京：中国水利水电出版社，2025.5. --（Excel 数据分析大百科全书）
ISBN 978-7-5226-3184-4

I . TP391.13

中国版本图书馆 CIP 数据核字第 20253PU656 号

丛 书 名	Excel数据分析大百科全书
书 名	智能化数据汇总与分析：Power Query应用技能技巧（案例视频精华版） ZHINENGHUA SHUJU HUIZONG YU FENXI：Power Query YINGYONG JINENG JIQIAO（ANLI SHIPIN JINGHUABAN）
作 者	韩小良 著
出版发行	中国水利水电出版社 （北京市海淀区玉渊潭南路1号D座 100038） 网址：www.waterpub.com.cn E-mail：zhiboshangshu@163.com 电话：（010）62572966-2205/2266/2201（营销中心）
经 售	北京科水图书销售有限公司 电话：（010）68545874、63202643 全国各地新华书店和相关出版物销售网点
排 版	北京智博尚书文化传媒有限公司
印 刷	北京富博印刷有限公司
规 格	170mm×240mm 16开本 13.5印张 325千字
版 次	2025年5月第1版 2025年5月第1次印刷
印 数	0001—3000册
定 价	79.80元

凡购买我社图书，如有缺页、倒页、脱页的，本社营销中心负责调换
版权所有·侵权必究

前言 PREFACE

每次在培训课上，总会有学生问：韩老师，如何把多张工作表的数据汇总到一张工作表中？遇到这样的提问，在回答之前，我会先问以下几个问题。

（1）工作表是规范的吗？也就是说，每张工作表是否标准、规范？标准、规范意味着工作表的第一行是标题，而且不存在合并单元格、大标题、小注脚以及垃圾数据等情况。

（2）多张工作表是当前工作簿里的几张工作表，还是多个工作簿里的多张工作表？

（3）你要汇总成什么样的表格？是把这些工作表数据简单地合并到一张工作表中，还是要做成一张统计分析表？

（4）工作表的数据量大吗？数据会随时发生变化吗？

学生的回答是表格很规范，结构也一样，就是每个月都要做大量的复制、粘贴工作，累人，还容易出错。

Excel 2016 的面世，将 Excel 的数据处理与数据分析提升到了一个新高度。无论是一个工作簿的多张工作表，还是多个工作簿的多张工作表；无论是打开的工作簿，还是没有打开的工作簿；无论是数据库数据，还是文本数据，或者是 Excel 工作簿数据，诸如此类的大量数据的汇总与分析，在 Excel 2016 的新工具 Power Query 面前，已经不再是一件令人焦虑的事情了。你需要做的仅仅是：首先规范化基础表单，然后动动鼠标，用几个简单的命令，按照可视化的向导步骤一步一步操作，即可快速完成。

对大多数人来说，Power Query 是一个陌生的工具，觉得很难学、很难掌握。其实，对于日常的数据处理和统计分析来说，掌握 Power Query 主要的使用方法和实际应用就已经足够了。

因此，本书既不介绍对大多数初学者来说难懂的 M 语言，也不介绍在实际工作中用途不大的理论知识，而是应用 Power Query 解决实际工作中烦琐的数据整理、汇总和分析问题，快速提升数据处理效率，将你从烦人、累人的数据处理工作中解放出来。这也是本书的宗旨。

● 本书特点

视频讲解：本书录制了 111 集共 296 分钟的教学视频，对 Power Query 的每个知识点、每个案例进行了详细的讲解。用手机扫描书中二维码，可以随时观看学习。

案例丰富：本书收录了 100 多个来自培训咨询第一线的实际案例，通过这些案例学习 Power Query，快速掌握相关知识和技能，帮助读者亲自使用 Power Query 解决实际工作中烦琐、重复的数据处理工作。

在线交流：本书提供了 QQ 学习群，在线交流 Power Query 学习心得，随时解决实际工作中遇到的问题。

附赠资源：随书赠送 3 本 Power Query 数据处理电子书，方便大家查阅参考。

● 本书内容安排

本书共 13 章，全面介绍 Power Query 在数据查询和汇总中的各种实际应用，并提供详细的操作步骤，可以快速掌握 Power Query 数据查询、整理与合并的各种实用技能。

第 1 章 Power Query 查询基本操作技能，介绍 Power Query 查询数据的基本操作技能，其中包括从 Excel 工作簿查询数据、从文本文件查询数据、保存查询结果、查询操作中要注意的一些问题等。

第 2 章 Power Query 列行基本处理，介绍如何在 Power Query 编辑器中，对数据表的行和列进行常规处理，其中包括插入列、删除列、移动列、重命名列、删除行、填充列数据等。

第 3 章 文本数据处理技能与技巧，介绍 Power Query 处理文本数据的技能和技巧，其中包括拆分列、合并列、提取字符、清除垃圾、添加前缀和后缀等。

第 4 章 日期时间数据处理技能与技巧，介绍 Power Query 处理日期时间数据的技能和技巧，其中包括转换日期格式、从日期中提取重要信息、拆分日期、合并日期等。

第 5 章 数字处理技能与技巧，介绍 Power Query 处理数字的技能和技巧，其中包括如何对数字批量计算、舍入计算、判断数字类型等。

第 6 章 向表添加新列，介绍 Power Query 添加列的技能和技巧，其中包括添加索引列、添加自定义列、添加条件列，以及使用条件语句 If/then/else 添加更加复杂计算的自定义列等。

第 7 章 转换表结构，介绍 Power Query 表格结构转换的技能和技巧，其中包括一列变多列、多列变一列、一行变多行、多行变一行、二维表格转换为一维表格等。章节最后还介绍了几个综合应用案例，其中包括发票号处理、考勤数据处理等。

第 8 章 快速汇总大量表格，介绍 Power Query 快速汇总大量表格的技能和技巧，无论是要汇总一个工作簿中的多个工作表，还是汇总文件夹里的多个工作簿，都可以快速完成合并汇总，并制作数据分析底稿。

第 9 章 合并查询与应用案例，介绍 Power Query 进行合并查询的技能和技巧，将合并查询这个技能应用于实际数据处理和分析中，其中包括快速核对数据、员工流动分析、客户流动分析、合同跟踪分析等。

第 10 章 查询分组统计，介绍 Power Query 进行查询分组的技能和技巧，快速制作简要分析报告，以及用于特殊数据的处理加工。

第 11 章 数据查询综合应用，介绍 Power Query 在数据查询中的综合应用，例如从指定工作表查询数据，从多个工作表查询数据，从多个关联工作表查询数据，从多个工作簿查询数据，根据模糊条件查询数据；从一个或多个文本文件查询数据等。这些来源于实际工作中的案例，不仅可以拓展对 Power Query 的应用，掌握更多的技能和技巧，也为解决类似问题提供了参考。

第 12 章 与 Power Pivot 联合使用，介绍 Power Query 与 Power Pivot 联合使用，将数据合并加工整理与数据透视分析整合在一起，制作一键刷新的分析报告。

第 13 章 M 语言简介简要，介绍 Power Query 的常用 M 函数及其在实际数据处理中的经典应用，掌握 M 函数处理复杂数据的技能和技巧。

● 本书目标读者

期望本书帮助想要学习 Power Query 的各类读者，也期望本书让具有一定 Excel 基础的读者温故而知新，学习更多 Power Query 的技能和思路。

本书适合经常处理大量数据的各类人员阅读，也适合企事业单位的管理者阅读，也可作为高校经济类本科生、研究生和 MBA 学员的教材或参考书。

● 本书赠送资源

配套资源

免费教学视频：本书录制了 111 集共 296 分钟的教学视频，手机扫描书中二维码，可以随时观看学习。

全部实际案例：本书包括 100 多个实际案例素材。

拓展学习资源

30 个函数综合练习资料包

75 个分析图表模板资料包

《Power Query 自动化数据处理案例精粹》电子书

《Power Query-M 函数速查手册》电子书

《Power Query DAX 表达式速查手册》电子书

《Excel 会计应用范例精解》电子书

《Excel 人力资源应用案例精粹》电子书

《新一代 Excel VBA 销售管理系统开发入门与实践》电子书

《Excel VBA 行政与人力资源管理应用案例详解》电子书

● 本书资源获取方式

读者可以扫描上面的二维码，或在微信公众号中搜索"办公那点事儿"，关注后发送

"EX31844"到公众号后台，获取本书资源下载链接。将该链接复制到计算机浏览器的地址栏中（一定要复制到计算机浏览器的地址栏，在电脑端下载，也不能在线解压，没有解压密码），根据提示进行下载。

读者也可加入本书QQ交流群924512501（若群满，会创建新群，请注意加群时的提示，并根据提示加入对应的群），读者也可互相交流学习经验，作者也会不定期在线答疑解惑。

特别提醒：本书涉及单元格颜色问题，请参阅随书赠送的源文件。

韩小良

目 录 CONTENTS

第1章　Power Query查询基本操作技能　/ 1

1.1　从Excel工作簿中查询数据 1
　　1.1.1　从当前 Excel 工作簿中查询数据 1
　　1.1.2　从其他没有打开的 Excel 工作簿中查询数据 5
1.2　从文本文件中查询数据 6
　　1.2.1　CSV 格式文本文件 6
　　1.2.2　其他格式文本文件 8
1.3　保存查询结果 9
　　1.3.1　保存为表 9
　　1.3.2　保存为数据透视表 10
　　1.3.3　保存为数据透视图 10
　　1.3.4　仅创建连接 10
　　1.3.5　将数据添加到数据模型 10
　　1.3.6　重新选择保存方式 10
　　1.3.7　导出连接文件并在其他工作簿中使用现有查询 10
1.4　几个注意事项 12
　　1.4.1　自动记录每个操作步骤 12
　　1.4.2　注意提升标题 12
　　1.4.3　注意设置数据类型 12
　　1.4.4　编辑已有的查询 13
　　1.4.5　刷新查询 14

第2章　Power Query列行基本处理　/ 15

2.1　列的一般操作 15
　　2.1.1　设置列数据类型 15
　　2.1.2　重命名列标题 16
　　2.1.3　选择列和转到列 16

	2.1.4	删除不需要的列	17
	2.1.5	复制列	17
	2.1.6	移动列位置	17
	2.1.7	表标题设置	18
2.2	数据行处理		18
	2.2.1	保留行	18
	2.2.2	删除行	18
2.3	数据填充与替换		19
	2.3.1	替换列数据	19
	2.3.2	填充数据	20

第3章　文本数据处理技能与技巧　/ 22

3.1	拆分列		22
	3.1.1	"拆分列"命令	22
	3.1.2	按分隔符拆分列：拆分成数列	22
	3.1.3	按分隔符拆分列：拆分成数行	24
	3.1.4	按字符数拆分列	26
	3.1.5	按位置拆分列	27
	3.1.6	按照从数字到非数字的转换拆分列	28
	3.1.7	按照从非数字到数字的转换拆分列	29
	3.1.8	拆分列综合应用案例	29
3.2	合并列		30
	3.2.1	将多列合并为一列，不保留原始列	30
	3.2.2	将多列合并为新列，保留原始列	32
3.3	提取字符		33
	3.3.1	将提取的字符替换原始列	34
	3.3.2	将提取的字符添加为新列	34
	3.3.3	提取最左侧的字符	34
	3.3.4	提取最右侧的字符	35
	3.3.5	提取中间字符	36
	3.3.6	提取分隔符之前的字符	37
	3.3.7	提取分隔符之后的字符	37
	3.3.8	提取分隔符之间的字符	38
	3.3.9	综合练习：从身份证号码中提取信息	39
3.4	清除文本中的"垃圾"		41
	3.4.1	清除文本前后的空格	41

        3.4.2　清除文本中的非打印字符 …………………………………… 42
    3.5　字母大小写转换 ………………………………………………………… 42
        3.5.1　字母大写转小写 …………………………………………………… 43
        3.5.2　字母小写转大写 …………………………………………………… 43
        3.5.3　单词首字母转大写 ………………………………………………… 43
    3.6　添加前缀和后缀 ………………………………………………………… 43
        3.6.1　添加前缀 …………………………………………………………… 44
        3.6.2　添加后缀 …………………………………………………………… 44

第4章　日期时间数据处理技能与技巧　/ 45

    4.1　转换日期格式 …………………………………………………………… 45
        4.1.1　通过设置数据类型转换日期 ………………………………………… 45
        4.1.2　进行必要整理加工再设置数据类型转换日期 ……………………… 46
    4.2　从日期中提取重要信息 ………………………………………………… 46
        4.2.1　计算当前日期与表格日期之间的天数 ……………………………… 47
        4.2.2　计算日期的年数据 …………………………………………………… 48
        4.2.3　计算日期的月数据 …………………………………………………… 48
        4.2.4　计算日期的季度数据 ………………………………………………… 50
        4.2.5　计算日期的周数据 …………………………………………………… 51
        4.2.6　计算日期的天数据 …………………………………………………… 52
        4.2.7　获取某列日期中的最早日期或最新日期 …………………………… 53
    4.3　日期和时间的拆分与合并 ……………………………………………… 53
        4.3.1　从日期时间数据中分别提取日期和时间 …………………………… 53
        4.3.2　合并日期和时间 ……………………………………………………… 55

第5章　数字处理技能与技巧　/ 56

    5.1　对数字进行批量计算 …………………………………………………… 56
        5.1.1　基本的四则运算 ……………………………………………………… 56
        5.1.2　整除计算 ……………………………………………………………… 57
        5.1.3　百分比计算 …………………………………………………………… 58
    5.2　对数字进行舍入计算 …………………………………………………… 58
        5.2.1　普通四舍五入计算 …………………………………………………… 59
        5.2.2　向上舍入为整数 ……………………………………………………… 59
        5.2.3　向下舍入为整数 ……………………………………………………… 59
    5.3　对数字进行其他处理 …………………………………………………… 60
        5.3.1　判断数字奇偶 ………………………………………………………… 60

5.3.2 对数字列进行其他的计算处理 …………………………………… 60
5.3.3 数据的汇总计算 …………………………………………………… 60

第6章　向表添加新列　/ 61

6.1 添加索引列 …………………………………………………………………… 61
6.1.1 添加自然序号的索引列 …………………………………………… 61
6.1.2 添加自定义序号的索引列 ………………………………………… 62

6.2 添加自定义列 ………………………………………………………………… 62
6.2.1 添加常数列 ………………………………………………………… 62
6.2.2 添加简单计算列 …………………………………………………… 63
6.2.3 添加 M 函数公式计算列 ………………………………………… 64

6.3 添加条件列 …………………………………………………………………… 66
6.3.1 添加条件列：结果是具体值 ……………………………………… 66
6.3.2 添加条件列：结果是某列值 ……………………………………… 67
6.3.3 删除某个条件 ……………………………………………………… 69
6.3.4 改变各个条件的前后次序 ………………………………………… 69

6.4 条件语句 if then else ………………………………………………………… 69
6.4.1 if then else 的基本语法结构 …………………………………… 69
6.4.2 应用举例 …………………………………………………………… 70

第7章　转换表结构　/ 73

7.1 列转换 ………………………………………………………………………… 73
7.1.1 一列变多列 ………………………………………………………… 73
7.1.2 多列变一列 ………………………………………………………… 75
7.1.3 综合应用案例：复杂的数据拆分 ………………………………… 77

7.2 行转换 ………………………………………………………………………… 79
7.2.1 一行变多行：拆分列方法 ………………………………………… 79
7.2.2 多行变一行：索引列 + 透视方法 ………………………………… 81
7.2.3 多行变一行：获取最低价格和最高价格 ………………………… 84

7.3 二维表与一维表转换 ………………………………………………………… 85
7.3.1 二维表转换为一维表：单列文本 ………………………………… 86
7.3.2 二维表转换为一维表：多列文本 ………………………………… 86
7.3.3 一维表转换为二维表：透视列方法 ……………………………… 87
7.3.4 一维表转换为二维表：分组 + 透视列方法 ……………………… 88

7.4 表格结构转换综合案例 ……………………………………………………… 89
7.4.1 综合练习 1：连续发票号码的展开处理 ………………………… 89

7.4.2 综合练习：连续发票号码的合并处理 ………………………………… 93
7.4.3 综合练习：将考勤流水数据处理为阅读表格 ………………………… 95
7.4.4 综合练习：将阅读格式考勤数据处理为规范表单 …………………… 97

第8章 快速汇总大量表格 / 99

8.1 一个工作簿内的多张工作表合并汇总 ………………………………… 99
8.1.1 多张工作表的堆积汇总 ………………………………………………… 99
8.1.2 多张工作表的关联汇总：两张工作表的情况 ……………………… 103
8.1.3 多张工作表的关联汇总：多张工作表的情况 ……………………… 107
8.1.4 多张工作表的关联汇总：匹配数据 ………………………………… 111
8.1.5 汇总工作簿内指定的几张工作表 …………………………………… 114

8.2 多个工作簿的合并汇总 ………………………………………………… 117
8.2.1 汇总 N 个工作簿，每个工作簿仅有一张工作表 …………………… 117
8.2.2 汇总 N 个工作簿，每个工作簿有多张工作表 ……………………… 121

第9章 合并查询与应用案例 / 126

9.1 合并查询 ………………………………………………………………… 126
9.1.1 合并查询及其联接种类 ……………………………………………… 127
9.1.2 左外部联接 …………………………………………………………… 127
9.1.3 右外部联接 …………………………………………………………… 128
9.1.4 完全外部联接 ………………………………………………………… 129
9.1.5 内部联接 ……………………………………………………………… 129
9.1.6 左反联接 ……………………………………………………………… 129
9.1.7 右反联接 ……………………………………………………………… 130

9.2 合并查询综合应用1：核对两张表格数据 …………………………… 130
9.2.1 只需要核对一列数据 ………………………………………………… 130
9.2.2 需要核对多列数据 …………………………………………………… 135

9.3 合并查询综合应用2：员工流动分析 ………………………………… 137
9.3.1 建立基本查询 ………………………………………………………… 138
9.3.2 统计本年度在职员工 ………………………………………………… 138
9.3.3 统计本年度离职员工 ………………………………………………… 139
9.3.4 统计本年度新入职员工 ……………………………………………… 140
9.3.5 导出查询结果 ………………………………………………………… 140

9.4 合并查询综合应用3：客户流动分析 ………………………………… 141
9.4.1 建立基本查询 ………………………………………………………… 141
9.4.2 统计两年存量客户 …………………………………………………… 141

9.4.3	统计去年的流失客户	145
9.4.4	统计当年新增客户	146
9.4.5	导出查询结果	146

9.5 其他合并问题1：核对总表和明细表   146
9.6 其他合并问题2：合同跟踪分析   148

9.6.1	制作已完成合同明细表	149
9.6.2	制作未完成合同明细表	152

第10章 查询分组统计 / 153

10.1 基本分组   153

10.1.1	对项目求和	154
10.1.2	对项目求平均值、最大值和最小值	155
10.1.3	对项目计数：含重复和不含重复	156

10.2 高级分组   157

10.2.1	同时进行计数与求和	157
10.2.2	同时进行计数、平均值、最大值和最小值	158
10.2.3	对多个字段进行不同的分组	159
10.2.4	删除某个分组	160
10.2.5	调整各个分组的次序	160

10.3 综合应用：考勤数据统计分析   161

第11章 数据查询综合应用 / 164

11.1 从Excel工作表查询数据   164

11.1.1	从指定工作表查询满足条件的数据	164
11.1.2	从多张工作表查询满足条件的数据	166
11.1.3	从多张关联工作表查询满足条件的数据	168
11.1.4	根据模糊条件从多张工作表查询满足条件的数据	170
11.1.5	从多个工作簿中查询满足条件的数据	172

11.2 从文本文件中查询数据   173

11.2.1	从某个文本文件中查询满足条件的数据	173
11.2.2	从多个文本文件中查询满足条件的数据	174

第12章 与Power Pivot联合使用 / 177

12.1 将Power Query查询加载为数据模型 ……………………… 177
12.1.1 加载为数据模型的方法 ………… 177
12.1.2 重新编辑现有的查询 ………… 177

12.2 利用Power Pivot建立基于数据模型的数据透视表 ……… 178
12.2.1 基于某个查询的数据透视表 ………… 178
12.2.2 基于多张有关联表查询的数据透视表 ………… 180
12.2.3 基于海量数据查询的数据透视表 ………… 182

第13章 M语言简介 / 185

13.1 从查询操作步骤看M语言 ……………………… 185
13.1.1 查询表的结构 ………… 185
13.1.2 每个操作步骤对应一个公式 ………… 186
13.1.3 使用高级编辑器查看完整代码 ………… 187

13.2 通过手动创建行、列和表进一步了解M函数 ……… 188
13.2.1 创建行 ………… 188
13.2.2 创建列 ………… 191
13.2.3 创建一个连续字母的列 ………… 192
13.2.4 创建一个连续数字的列 ………… 192
13.2.5 创建一张表 ………… 193

13.3 M语言及函数 ……………………… 193
13.3.1 M 语言结构 ………… 193
13.3.2 M 语言的运算规则 ………… 194
13.3.3 M 函数语法结构 ………… 195
13.3.4 M 函数简介 ………… 195

13.4 M函数应用举例 ……………………… 197
13.4.1 拆分文本和数字 ………… 197
13.4.2 从身份证号码中提取生日和性别 ………… 199
13.4.3 计算迟到分钟数和早退分钟数 ………… 200

第 1 章
Power Query查询基本操作技能

Power Query 几乎适用于任何类型的数据源，包括各种数据库、Excel 工作簿、文本文件、网页等。对这些数据源的连接和访问，不需要晦涩难懂的语句，只需要按照命令向导操作即可完成数据的查找或汇总。

Power Query 可以快速汇总大量工作表的数据，如 1 个文件夹中有 10 个 Excel 工作簿，每个工作簿有 12 张工作表，Power Query 可以快速对这 10 个工作簿共 120 张工作表的数据进行汇总，而不需要打开每个工作簿进行复制粘贴，也不需要编写程序代码。

利用 Power Query 查询数据后，可以根据实际情况，将查询结果保存为 Excel 工作表，或者保存为仅链接的数据模型。前者适用于数据量不大，且有需要查看明细数据的情况；后者则适用于数据量大且需要做维度分析的情况。当将查询结果保存为仅链接的数据模型后，打开的工作簿是看不到数据的，因为数据保存在数据模型中。

大部分的数据查询和汇总，只需按照智能化的向导操作即可，即使是某些具体的数据处理，也可以通过使用相关的菜单命令快速完成。当执行某个菜单命令后，会在 Power Query 编辑器界面的公式栏中出现相应的 M 公式（该公式容易阅读并理解），仔细阅读公式中的英语单词，并回顾刚才的操作，就会明白该公式的结构及用法。当然，也可以自己修改公式，以完成更多的任务。

总之，Power Query 并不复杂，其常用的功能就能满足日常的数据处理的需求。本章将结合几个简单的案例，开始 Power Query 的使用之旅。

1.1 从Excel工作簿中查询数据

从工作簿中查询满足指定条件的数据，其实并不难，常见的操作是筛选→复制→粘贴。而使用 Power Query，不仅可以查询满足条件的数据，还可以在查询时对数据进行一些必要的处理，如添加列、筛选、排序、调整列位置等，查询的结果与数据源是连接的，当数据源的数据发生变化后，刷新查询表即可更新数据。

1.1.1 从当前 Excel 工作簿中查询数据

案例1.1

图 1.1 是一个员工基本信息表，现在要求把本公司工龄在 15 年（含）以上、学位是硕士以上的员工信息查找出来，并保存为新工作表，可以随时更新查询结果。

使用 Power Query 进行查询的基本方法和步骤如下。

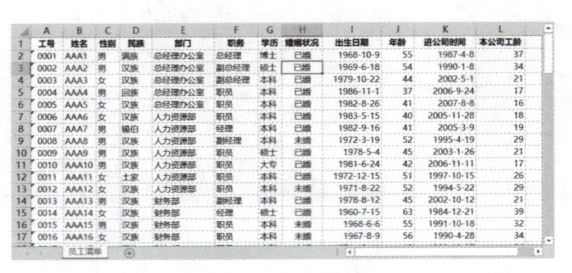

图1.1 员工基本信息

步骤 1 单击数据区域任意单元格，执行"数据"→"来自表格/区域"命令，如图1.2所示，打开"创建表"对话框，如图1.3所示。

图1.2 "来自表格/区域"命令　　　　图1.3 "创建表"对话框

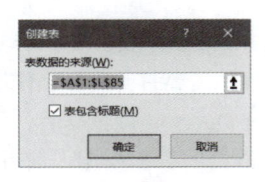

步骤 2 保持系统默认设置，单击"确定"按钮，打开"Power Query编辑器"窗口，如图1.4所示。

图1.4 "Power Query编辑器"窗口

步骤 3 观察窗口右侧的"查询设置"窗格，其"应用的步骤"中的内容，有一个默认的步骤是"更改的类型"，再观察表格中第一列的"工号"数据，该数据被改成了数字，而不是原始表格中的文本型数字了，因此需要把该步骤删除。

其方法是单击"更改的类型"左侧的✕按钮，即可将该步骤删除，如图1.5所示。

步骤 4 选中"出生日期"和"进公司时间"两列，选择"数据类型"命令，展开其下拉列表，选择"日期"命令，即可把这两列的数据类型设置为纯日期格式，这样就不会显示日期后面的时间 0:00:00，如图1.6所示。

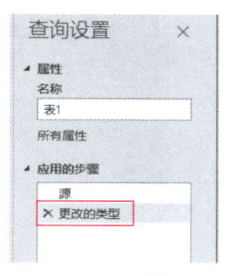

图1.5　点击 × 按钮 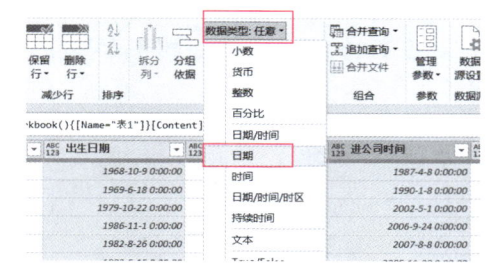　　　　　　　图1.6　设置两个日期字段的数据格式

也可以单击列标题左侧的"数据类型"按钮，展开数据类型选项列表，选择"日期"即可，如图1.7所示。不过需要注意的是，这种操作每次只能设置一列，而使用"数据类型"命令可以一次设置多列。

步骤⑤　下面筛选指定条件的数据。

（1）单击"学位"列的筛选下拉箭头，展开筛选器，勾选"博士"和"硕士"复选框，如图1.8所示。

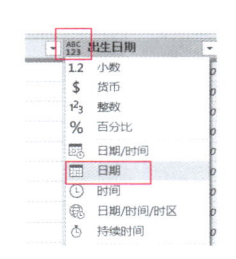

图1.7　单独设置某列的数据类型 　　　图1.8　从"学位"列中筛选"博士"和"硕士"

（2）单击"本公司工龄"列的筛选下拉箭头，展开筛选器，执行"数字筛选器"→"大于或等于"命令，如图1.9所示。

打开"筛选行"对话框，将第一个条件的条件值设置为15，如图1.10所示。

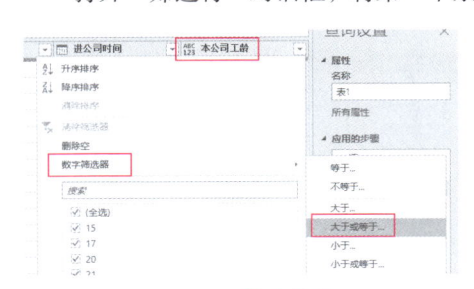

图1.9　筛选数字 　　　　　　　　　图1.10　"筛选行"对话框

步骤⑥　单击"确定"按钮，得到如图1.11所示的数据。

图1.11 筛选出满足条件的数据

步骤 7 默认情况下，查询的名称是"表1""表2"等。例如，本案例的查询名称就是"表1"（在编辑器右侧"查询设置"窗格中可以看到），这种名称不方便以后快速了解查询的任务，所以有必要对这个默认的名称重新命名，如重命名为"员工查询"。方法很简单，在"查询设置"窗格中直接修改即可，如图1.12所示。

步骤 8 导出查询的结果。

（1）如果要把查询结果导出到Excel工作表，执行"文件"→"关闭并上载"命令，如图1.13所示，就可以把查询结果导出并保存为一张新工作表，如图1.14所示。

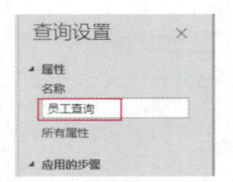

图1.12 重命名查询名称　　　　图1.13 "关闭并上载"命令

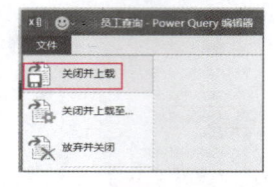

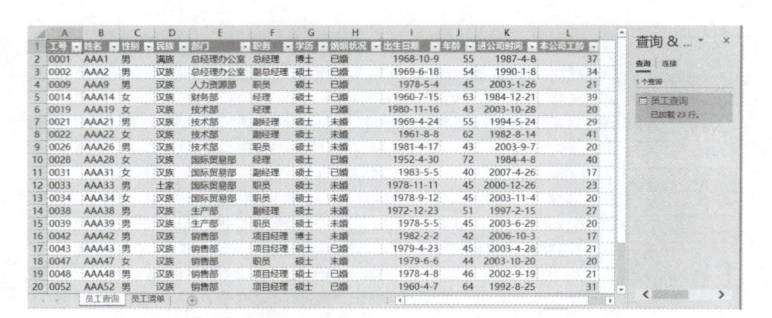

图1.14 导出查询结果并保存为一张新工作表

（2）如果不想将查询结果导出到工作表，而是创建一个连接，并添加到数据模型中，以节省内存，并能在以后随时使用这个数据模型，就执行"文件"→"关闭并上载至"命令，打开"导入数据"对话框，选中"仅创建连接"单选按钮，并勾选"将此数据添加到数据模型"复选框，如图1.15所示。

单击"确定"按钮，就得到了一个查询连接，在工作表右侧的"查询&连接"窗格中显示查询名称，但在工作表中看不到任何查询结果，如图1.16所示。

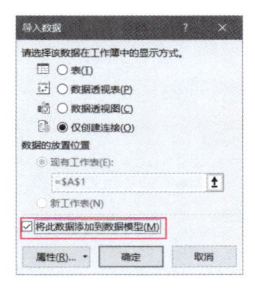

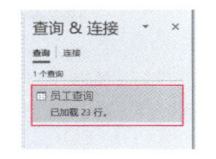

图1.15 "导入数据"对话框　　　图1.16 建立的数据查询"员工查询"

当以后需要查看这个查询或者重新设置查询时，可以双击该查询连接名称，就会打开"Power Query 编辑器"窗口。

如果是以创建连接的方式保存了查询结果，但现在又想把查询结果导入到 Excel 表中，可以在"查询 & 连接"窗格中选择该查询名称，右击后执行"加载到"命令，如图 1.17 所示，打开"导入数据"对话框，可以重新选择导出方式。

图1.17 执行"加载到"命令以重新选择导出方式

1.1.2 从其他没有打开的 Excel 工作簿中查询数据

1.1.1 小节介绍的是在当前工作簿中使用 Power Query 进行数据查询。也可以在不打开源数据工作簿的情况下，对数据进行查询，并将查询结果保存到新工作簿中。

案例1.2

以"案例 1.1"的员工信息数据为例，在不打开该工作簿的情况下，查询并导出工龄在 15 年（含）以上、学位是硕士以上的员工信息。主要操作步骤如下。

扫码看视频

步骤① 新建一个 Excel 工作簿。

步骤② 执行"数据"→"获取数据"→"来自文件"→"从工作簿"命令，如图 1.18 所示。

步骤③ 打开"导入数据"对话框，从文件夹中选择相应的工作簿文件，如图 1.19 所示。

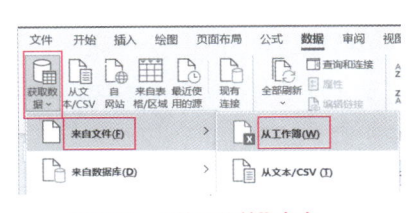

图1.18 "从工作簿"命令　　　图1.19 从文件夹中选择相应的工作簿文件

步骤④ 单击"导入"按钮，打开"导航器"对话框，在该对话框左侧选择要查询数据的工作表，如图 1.20 所示。

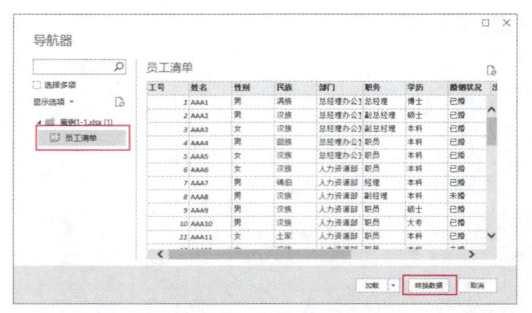

图1.20 选择要查询数据的工作表

步骤 ⑤ 单击"转换数据"按钮,打开"Power Query 编辑器"窗口,之后的操作步骤与 1.1.1 小节介绍的完全相同,此处不再赘述。

1.2 从文本文件中查询数据

对于在文本文件中查询数据而言,无论是 CSV 格式的文本文件,还是其他格式的文本文件,使用 Power Query 可以快速完成数据的查询和统计,而不需要将其先导入 Excel 后再进行处理。

1.2.1 CSV 格式文本文件

案例1.3

图 1.21 是以逗号分隔的 CSV 格式的文本文件"员工花名册.csv",现在要求将学位是博士和硕士的员工信息筛选出来,并保存到当前的 Excel 工作表中。

图1.21 CSV格式的文本文件"员工花名册.csv"

步骤 ① 新建一个 Excel 工作簿。
步骤 ② 执行"数据"→"从文本/CSV"命令,如图 1.22 所示。

图1.22 "从文本/CSV"命令

步骤 ③ 打开"导入数据"对话框,选择"员工花名册.csv"文本文件,如图 1.23 所示。
步骤 ④ 单击"导入"按钮,打开一个数据预览窗口,如图 1.24 所示。
Power Query 会根据文本文件的具体情况自动进行数据分列,因此一般情况下,在此不需要做更多的设置。

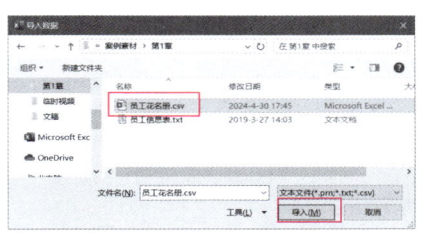

图1.23 选择"员工花名册.csv"文本文件

图1.24 数据预览窗口

步骤5 单击"转换数据"按钮，打开"Power Query 编辑器"窗口，如图 1.25 所示。

图1.25 "Power Query编辑器"窗口

步骤6 如果表的标题不是真正的标题，如本案例中的标题是默认的 Column1、Column2 等之类的标题，那么就需要执行"主页"→"将第一行用作标题"命令，如图 1.26 所示，提升标题。

步骤7 检查各列的数据类型，并进行适当的设置，如设置日期格式，删除"年龄"和"工龄"这两列数据（这两列数据是旧数据，无意义）。

步骤8 从学位中筛选"博士"和"硕士"，然后将数据导出到 Excel 工作表，如图 1.27 所示。

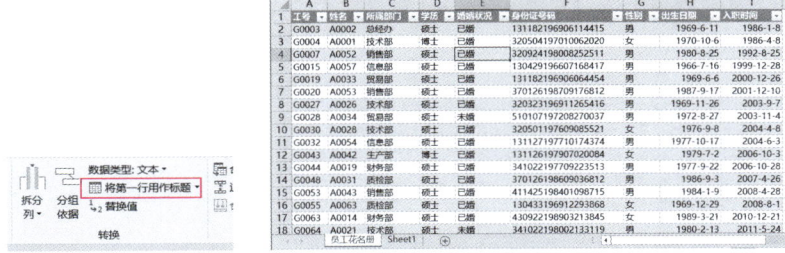

图1.26 "将第一行用作标题"命令

图1.27 筛选数据并导出

1.2.2 其他格式文本文件

无论是 CSV 格式的文本文件，还是使用其他分隔符的文本文件，Power Query 都可以对其进行智能化的辨识和处理，从而快速对文本文件数据进行查询和统计。

案例1.4

图 1.28 是一个文本文件"员工信息表 .txt"，各列数据之间是以分隔符"/"来分隔的。现在要求从这个文本文件中把学位为"博士"和"硕士"的员工信息筛选出来，并保存到 Excel 工作表中。主要操作步骤如下。

图1.28 文本文件"员工信息表.txt"

步骤① 新建一个 Excel 工作簿，执行"数据"→"从文本/CSV"命令，打开"导入数据"对话框，从文件夹中选择"员工信息表 .txt"文本文件，再单击"导入"按钮，打开一个数据预览窗口，如图 1.29 所示。

图1.29 数据预览窗口

步骤② 单击"转换数据"按钮，打开"Power Query 编辑器"窗口，如图 1.30 所示。

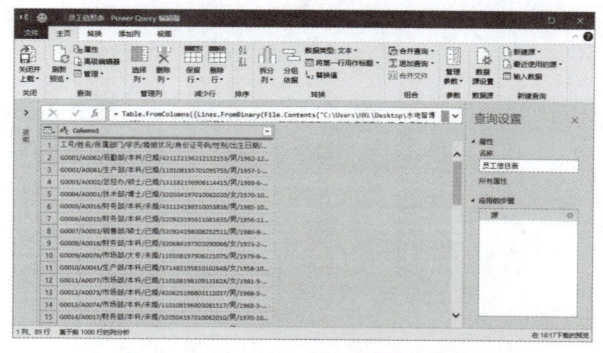

图1.30 "Power Query编辑器"窗口

步骤 3 由于分隔符是特殊字符"/"，Power Query 不能自动辨识分列，因此需要手动分列。选择这列数据，执行"拆分列"→"按分隔符"命令，如图 1.31 所示。

步骤 4 打开"按分隔符拆分列"对话框，如图 1.32 所示，Power Query 可能会自动选择分隔符并进行分列。如果没有自动选择，就手动选择"--自定义--"，并输入"/"。注意：一定要选中"每次出现分隔符时"命令按钮。

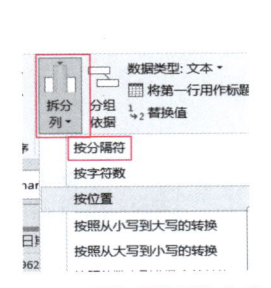

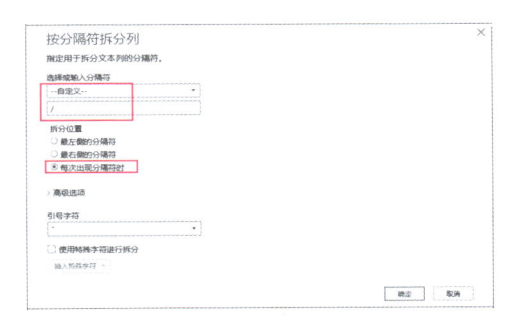

图 1.31 "按分隔符"命令　　　图 1.32 "按分隔符拆分列"对话框

步骤 5 单击"确定"按钮，数据就进行了拆分，并保存为各列数据，如图 1.33 所示。

图 1.33 拆分列

步骤 6 提升标题，删除不必要的列，并设置数据类型，最终将数据导出到 Excel 工作表。

1.3 保存查询结果

Power Query 查询出来的结果，可以有多种保存方式，根据实际情况，可以选择合适的保存方式。这些保存方式包括以下几种。

◎ 保存为表。
◎ 保存为数据透视表。
◎ 保存为数据透视图。
◎ 仅创建连接。
◎ 将数据添加到数据模型。

1.3.1 保存为表

大部分情况下是将查询结果保存为表。直接执行"Power Query 编辑器"窗口中的"关闭并上载"命令即可，如图 1.34 所示。当选择该命令后，Power Query 就会自动在当前工作簿中创建一张新工作表，并保存查询结果。

图 1.34 "关闭并上载"命令

1.3.2 保存为数据透视表

如果想对查询出的数据进行透视分析，那么可以将查询结果保存为数据透视表。此时，需要执行"关闭并上载至"命令，打开"导入数据"对话框，选中"数据透视表"单选按钮，如图1.35所示。同时，需要指定数据的放置位置，即放置在指定的工作表或新工作表上，然后单击"确定"按钮，即可将查询结果保存为数据透视表，此时就可以利用数据透视表对查询出的数据进行进一步的分析。

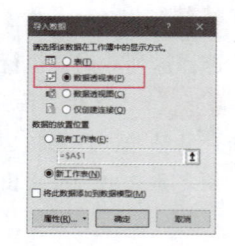

图1.35 选中"数据透视表"单选按钮

1.3.3 保存为数据透视图

如果想对查询出的数据进行可视化分析，那么可以将查询结果保存为数据透视图。方法就是在"导入数据"对话框中，选中"数据透视图"单选按钮，系统会同时创建一个数据透视表和数据透视图。

1.3.4 仅创建连接

如果在"导入数据"对话框中选中"仅创建连接"单选按钮，那么就不会在工作表上看到任何查询出的数据。此时，在工作表右侧的"查询&连接"窗格中只能看到"仅限连接"字样，如图1.36所示。这个查询连接保存了查询的数据，可以随时进行编辑，而且占用的内存很少。

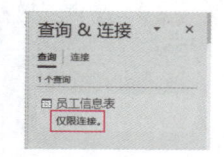

图1.36 将查询结果仅创建连接

1.3.5 将数据添加到数据模型

上述的4种查询结果保存方式，都可以同时将查询结果添加到数据模型中。方法就是在选择保存方式的同时勾选"将此数据添加到数据模型"复选框，这样，就可以在不导入数据的情况下，利用数据模型对数据进行分析，并利用Power Pivot创建超级透视表。

在数据量很大，数据的来源是多张工作表，且工作表相互有关联的情况下，需要将查询结果保存为"仅创建连接"，并勾选"将此数据添加到数据模型"复选框，这样就可以对数据模型进行管理，并创建各种分析报表。

1.3.6 重新选择保存方式

在工作表右侧的"查询&连接"窗格中，右击执行"加载到"命令（图1.17），就可以打开"导入数据"对话框，然后再选择需要的保存方式即可。

如果在工作表右侧没有出现"查询&连接"窗格，可以执行"数据"→"查询和连接"命令，将窗格显示出来，如图1.37所示。

图1.37 "查询和连接"命令

1.3.7 导出连接文件并在其他工作簿中使用现有查询

我们所做的查询都是在当前工作簿中进行的，查询连接也是保存在当前工作簿中，因此只能在本工作簿中使用。

扫码看视频

如果想在其他工作簿中也能使用这个查询连接并快速得到查询数据，那么可以导出连接文件。

1. 导出连接文件

导出连接文件的具体方法如下。

步骤1 如果查询结果是导出的表格形式，那么可以执行"查询"→"导出连接文件"命令，如图 1.38 所示。

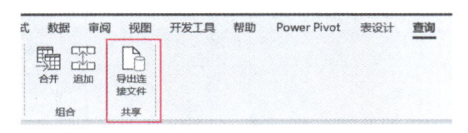

图1.38 "导出连接文件"命令

如果将查询结果保存为仅连接的形式，那么可以在工作表右侧的"查询 & 连接"窗格中右击指定的查询，执行快捷菜单中的"导出连接文件"命令，如图 1.39 所示。

步骤2 打开"保存文件"对话框，指定保存位置，可以根据需要重命名文件名（注意：文件的扩展名是 .odc），如图 1.40 所示。

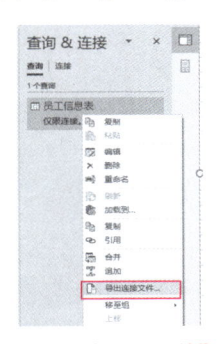

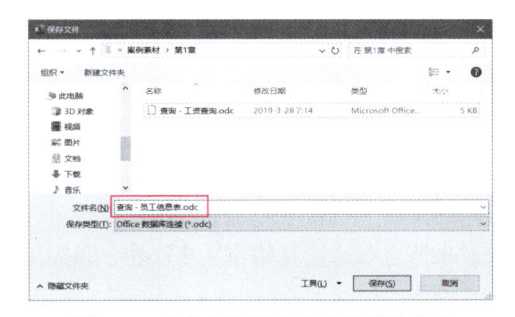

图1.39 "导出连接文件"命令　　　　图1.40 准备保存指定的查询连接文件

步骤3 单击"保存"按钮，将该查询连接文件保存到指定的文件夹中。

2. 使用连接文件

如果要在其他工作簿中使用这个查询连接文件来导出数据，则可以按照以下步骤进行操作。

步骤1 执行"数据"→"现有连接"命令，如图 1.41 所示，打开"现有连接"对话框，如图 1.42 所示。

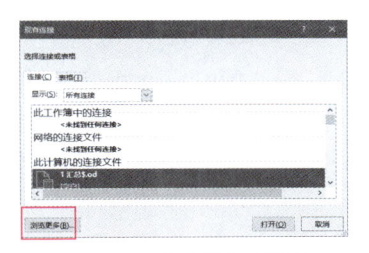

图1.41 "现有连接"命令　　　　图1.42 "现有连接"对话框

步骤2 单击左下角的"浏览更多"按钮,打开"选取数据源"对话框,然后从文件夹中选择该查询连接文件,如图 1.43 所示。

步骤3 单击"打开"按钮,打开"导入数据"对话框,如图 1.44 所示。

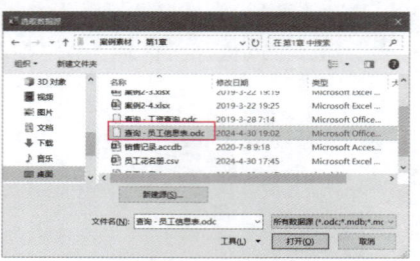

图1.43 从文件夹选择连接文件 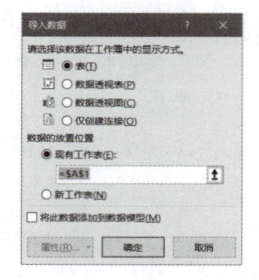　　　图1.44 "导入数据"对话框

步骤4 选择数据的显示方式和放置位置,单击"确定"按钮,将查询的数据导入并保存到 Excel 工作表中。

1.4 几个注意事项

Power Query 的查询操作是比较简单的,但有几个重要的事项需要了解和关注。

1.4.1 自动记录每个操作步骤

在"Power Query 编辑器"窗口中所进行的每个操作步骤都会被记录下来,并显示在编辑器右侧"查询设置"窗格的"应用的步骤"列表中,如图 1.45 所示。

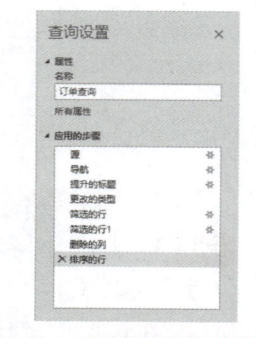

如果要查看或重新编辑某步操作,只需单击该步操作,就可打开该步的操作状态界面。

如果要删除该步操作,单击操作步骤名称左侧的 ✕ 按钮即可。需要注意的是,编辑或删除中间的某步操作,都会对其以后的所有操作产生影响。

在某些情况下, Power Query 会自动更改某些列的数据类型。这种更改有时是错误的,因此需要将这种默认的更改步骤删除,恢复表格本来的数据类型和格式,然后根据具体情况,手动设置这些列的数据类型。

图1.45 列示所有的操作步骤

1.4.2 注意提升标题

在一般情况下, Power Query 会自动把表格的第一行数据当成标题。但在某些情况下(如几张工作表的合并查询),并没有这样处理,而是设置标题为默认的名字(如 Column1、 Column2、 Column3 等)。此时,需要执行编辑器中的"将第一行用作标题"命令,提升标题。

1.4.3 注意设置数据类型

Power Query 对数据类型有严格的要求,尤其是在加载为数据模型时,并在以后使用

Power Pivot 制作数据透视表的场合，更需要正确设置数据类型。

列数据默认类型为"任意"，意思就是不对列数据类型做任何设置。但是，在很多情况下，必须重新设置某列数据类型。

设置数据类型的标准操作：选择某列或某几列，然后执行"数据类型"命令，展开其下拉列表，选择正确的数据类型。

如果只是设置某列的数据类型，可以单击该列标题左侧的"数据类型"按钮，展开数据类型选项列表，然后选择某个数据类型即可。

设置列数据类型的一般原则如下：
◎ 如果是要进行汇总计算的数据（如销量、销售额、年龄、工资等），需要设置为小数、货币或整数类型。
◎ 如果是日期数据，则需要设置为日期类型。
◎ 如果是产品名称、产品编码、客户名称等文本型数据，则需要设置为文本类型。

在"Power Query 编辑器"窗口中，请注意字段左侧的数据类型标记，见表 1.1，以便正确判断数据类型，并确定是否需要进行重新设置。

表 1.1　字段数据类型标记含义

标　记	数　据　类　型
ABC 123	任意
1.2	小数
$	货币
1²3	整数
%	百分比
📅	日期时间
📆	日期
🕐	时间
🌐	日期/时间/时区
ABC	文本
✗/✓	True/False

1.4.4　编辑已有的查询

如果想要重新编辑已经存在的查询，有以下几个命令可以使用。

（1）双击工作表右侧的"查询&连接"窗格中的某个连接名称。
（2）右击，在弹出的快捷菜单中执行"编辑"命令，如图 1.46 所示。
（3）执行"查询"→"编辑"命令，如图 1.47 所示。

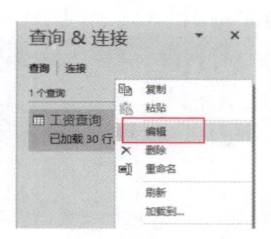

图1.46 "查询&连接"窗格中的"编辑"命令

图1.47 "查询"选项卡中的"编辑"命令

1.4.5 刷新查询

当源数据发生变化后，可以刷新查询，以便得到最新的查询数据，常用的方法如下：

（1）在工作表的查询数据区域右击，在弹出的快捷菜单中执行"刷新"命令，如图1.48所示。

（2）在工作表右侧的"查询 & 连接"窗格中，选择某个查询，然后右击，在弹出的快捷菜单中执行"刷新"命令，如图1.49所示。

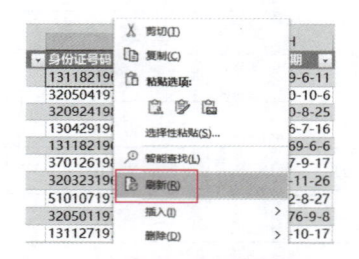

图1.48 查询结果表快捷菜单中的"刷新"命令

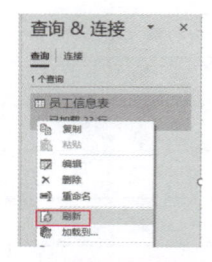

图1.49 "查询&连接"窗格快捷菜单中的"刷新"命令

第 2 章
Power Query 列行基本处理

在第 1 章中，介绍了 Power Query 查询数据的基本操作方法和技能技巧，本章将介绍利用 Power Query 对数据进行基本处理的技能和技巧。

2.1 列的一般操作

打开"Power Query 编辑器"窗口后，主要的工作就是对数据进行各种处理，如筛选数据、删除行、插入行、删除列、插入列、设置数据格式、提取数据等。下面将介绍如何在"Power Query 编辑器"窗口中处理列。

◎ 案例2.1

本节介绍的各种列操作技能都是在"Power Query 编辑器"窗口中进行的。

扫码看视频

2.1.1 设置列数据类型

如果仅仅是把查询结果导入到 Excel 工作表以便查看，那么列数据类型可以不用处理。但是，如果要将查询结果添加到数据模型并进行透视分析，那么就需要对列数据类型进行设置。

设置数据类型有两个方法，根据需要选择即可。

（1）批量设置几列的数据类型，首先选择要设置数据类型的某几列，然后单击"数据类型"按钮，展开数据类型菜单，选择某个数据类型，如图 2.1 所示。

（2）单独设置某列的数据类型，单击列标题左侧的"数据类型"按钮，展开数据类型菜单，选择某个数据类型，如图 2.2 所示。

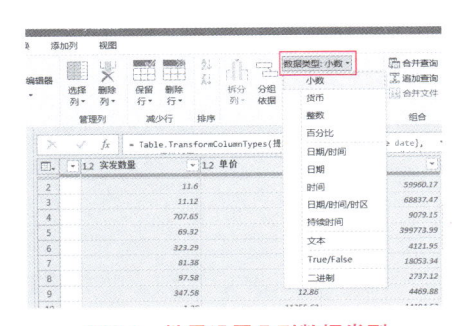

图2.1　批量设置几列数据类型

图2.2　单独设置某列的数据类型

2.1.2 重命名列标题

如果列标题不满足要求,可以将列重命名。其方法是双击列标题,将光标移到列标题中,输入新名称,按 Enter 键即可。

2.1.3 选择列和转到列

在"Power Query 编辑器"窗口中,选择列最简单的方法是用鼠标,就像在工作表中操作一样。不过,如果数据源有很多列(如数据列多达几十个),而用户仅仅需要获取某几列数据,删除其他不需要的列,那么可以按照以下步骤来操作。

步骤① 执行"主页"→"选择列"→"选择列"命令,如图 2.3 所示。

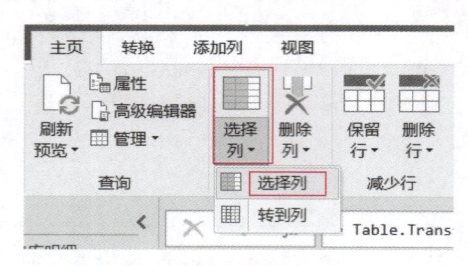

图2.3 "选择列"命令

步骤② 打开"选择列"对话框,勾选需要保留的列即可,如图 2.4 所示。

如果要快速转到某列(选择某列),而不想在编辑器滚动水平滚动条寻找时,可以执行"主页"→"选择列"→"转到列"命令,打开"转到列"对话框,选择某列即可,如图 2.5 所示。

图2.4 勾选要保留的列   图2.5 转到要查看的列

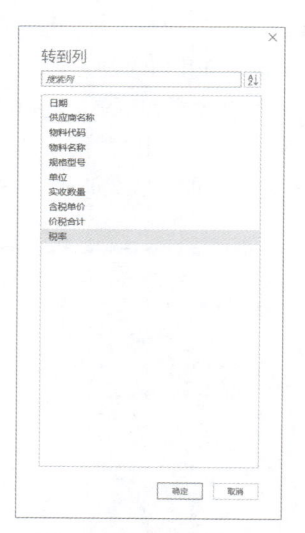

如果仅仅是选择一列或者相邻的几列,直接用鼠标选择即可。

2.1.4 删除不需要的列

删除不需要的列,也就是查询结果中不再包含这些列,除了可以使用上面介绍的保留列的方法外,还可以使用以下两种方法:删除列和删除其他列。这两种方法均可通过命令按钮或右击菜单完成,分别如图2.6和图2.7所示。

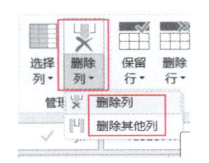

图2.6 编辑器中的"删除列"命令　　　图2.7 快捷菜单中的"删除列"命令

如果要删除选中的列,直接选择编辑器中的"删除列"命令,或者在要删除的列上右击,在弹出的快捷菜单中选择"删除列"命令。

如果要删除的列很多,而保留的列不多,就选择保留的列,然后选择编辑器中的"删除其他列"命令;或者在要保留的列上右击,在弹出的子菜单中选择"删除其他列"命令。

2.1.5 复制列

如果要复制选中的某列,得到一个一模一样的重复列,则可以按照以下步骤操作。

步骤1 选中某列。

步骤2 执行"添加列"→"重复列"命令,如图2.8所示;或者右击,在快捷菜单中选择"重复列"命令,如图2.9所示。

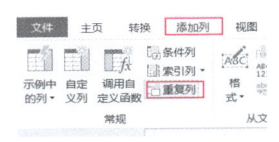

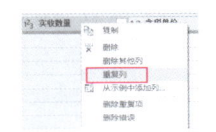

图2.8 "重复列"命令　　　图2.9 快捷菜单中的"重复列"命令

这样,就把选定的列复制了一份,并将复制的列放置于表的最右侧,如图2.10所示。

图2.10 复制列并放置于表的最右侧

2.1.6 移动列位置

在编辑器中,可以调整各列的位置,最简单的方法是选择某列或某几列,然后按住鼠标左键不放,将其拖动到指定位置即可。

也可以执行"转换"→"移动"命令,选择要移动的方向,如图2.11所示。不过这种方法比较烦琐,

图2.11 "移动"命令菜单下的4个选项

除非是将指定列移到开头或结尾这种简单操作。

2.1.7 表标题设置

如果查询表没有正确的标题（而是默认的 Column1、Column2、Column3 等之类的名称），或者需要把真正的标题用作行数据时，此时就需要执行"主页"→"将第一行用作标题"命令了，如图 2.12 所示。

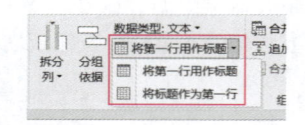

图2.12 "将第一行用作标题"命令

单击"将第一行用作标题"选项旁的下拉箭头，展开下拉列表，有以下两个命令可供选择使用。

（1）将第一行用作标题：将表的第一行数据用作标题。
（2）将标题作为第一行：将表的标题当作第一行数据。

2.2 数据行处理

在多数情况下，用户需要对数据行进行操作。例如，将表格数据按降序排序后，只保留前 10 行数据、删除某些行数据、添加几行数据等。这些数据行操作都可以通过有关命令完成。

2.2.1 保留行

如果想要在查询结果中保留某几行，可以执行"主页"→"保留行"中的相关命令，如图 2.13 所示。

- 保留最前面几行：仅保留查询结果最前面几行的数据。
- 保留最后几行：仅保留查询结果最后几行的数据。
- 保留行的范围：指定保留第几行到第几行的数据。
- 保留重复项：保留重复的行数据，删除不重复的行数据。
- 保留错误：仅保留出现错误值的行数据。

这几个命令操作很简单，请用户自行练习。

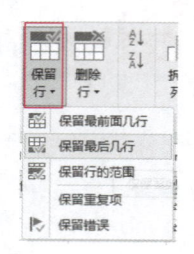

图2.13 "保留行"命令下的选项

2.2.2 删除行

如果想要删除某几行，可以执行"主页"→"删除行"中的相关命令，如图 2.14 所示。

- 删除最前面几行：仅删除查询结果最前面几行的数据。
- 删除最后几行：仅删除查询结果最后几行的数据。
- 删除间隔行：指定删除的起始位置、删除的行数以及要保留的行数。
- 删除重复项：删除重复的行数据，留下不重复的行数据。
- 删除空行：删除所有的空记录行。
- 删除错误：删除出现错误值的行数据。

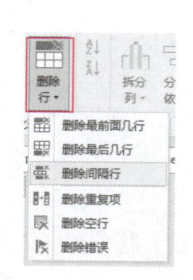

图2.14 "删除行"命令下的选项

这几个命令操作很简单，请用户自行练习。

2.3 数据填充与替换

在某些情况下，用户需要对某列或者某些列的数据进行必要的整理加工，如填充空单元格、查找替换值等，此时可以使用相关的命令来完成。

2.3.1 替换列数据

如果需要将某列或者某些列数据进行替换操作，可以执行"转换"→"替换值"命令，如图 2.15 所示；或者右击，在弹出的快捷菜单中选择"替换值"命令，如图 2.16 所示。

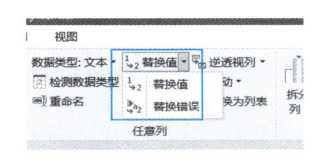

图2.15 "替换值"命令　　　图2.16 快捷菜单中的"替换值"命令

这个"替换值"功能与 Excel 表格的"查找和替换"功能是一样的，使用方法也基本相同。

案例2.2

在图 2.17 的查询表中，需要将"部门"列中的"人事部"替换为"人力资源部"，操作步骤如下。

图2.17 需要将"人事部"替换为"人力资源部"

步骤 1 选择"部门"列。

步骤 2 执行"替换值"命令，打开"替换值"对话框，在"要查找的值"文本框中输入"人事部"，在"替换为"文本框中输入"人力资源部"，如图 2.18 所示。

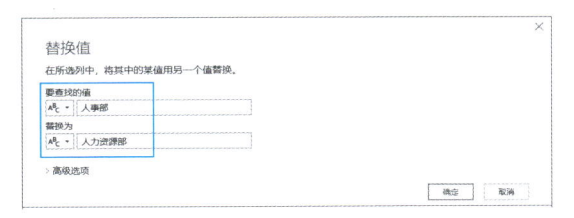

图2.18 在"替换值"对话框中设置替换条件

步骤 ③ 单击"确定"按钮，替换操作完成，结果如图2.19所示。

图2.19 替换完成

单击"替换值"对话框中的"高级选项"，展开对话框，还可以针对单元格是否匹配、是否使用指定的特殊字符替换等进行设置，如图2.20所示。

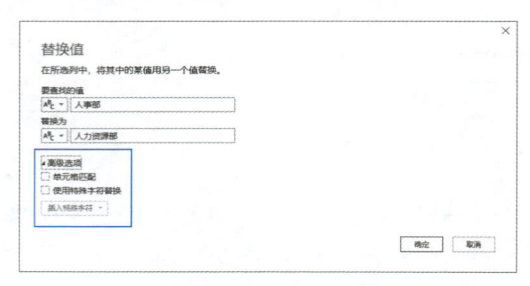

图2.20 "替换值"对话框中的高级选项

2.3.2 填充数据

如果某列有空单元格或者单元格的值为null，那么就需要根据具体情况，对这样的空单元格或者null值进行处理，如填充数据。

案例2.3

在如图2.21所示的数据中，第一列供应商名称有null值，必须进行填充，方法和步骤如下。

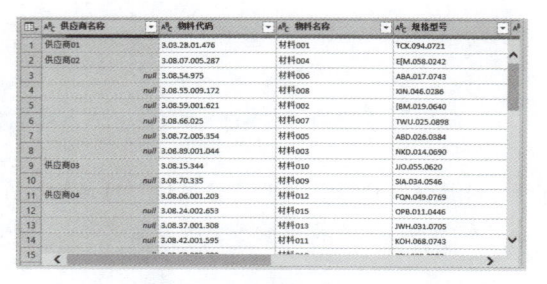

图2.21 第一列供应商名称存在null值

步骤 ① 选择"供应商名称"列。
步骤 ② 执行"转换"→"填充"→"向下"命令，如图2.22所示，将含有null值的单元格填充为上一行数据，如图2.23所示。

图2.22 "向下"命令　　　　　　　　图2.23 向下填充数据

案例2.4

前面介绍的填充工具只能填充含有 null 值的单元格，如果是空白单元格，则无法填充，如图 2.24 所示的"客户"列。

此时，必须先将空白单元格替换为 null 值，然后再执行填充命令。详细操作步骤请观看视频。

图2.24 空白单元格无法直接填充数据

第 3 章 文本数据处理技能与技巧

对于文本数据来说，通常需要对数据进行必要的整理，如清除非打印字符、拆分列、合并列等。本章将介绍常见的文本数据处理技能与技巧。

3.1 拆分列

根据指定的字符或长度，对数据进行分列（分割成几列），无论是在 Excel 中（"分列"命令），还是在 Power Query 中（"拆分列"命令），都可以实现。用户可以根据实际情况，灵活选用最简单、最高效的方法。

3.1.1 "拆分列"命令

执行"拆分列"命令有两个途径："主页"选项卡中的"拆分列"命令和"转换"选项卡中的"拆分列"命令，分别如图 3.1 和图 3.2 所示。通过"拆分列"命令，可以把原始列拆分成数列，原始列不复存在。

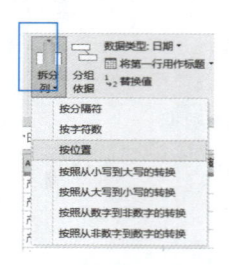

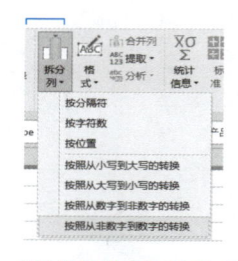

图3.1 "主页"选项卡中的"拆分列"命令　　图3.2 "转换"选项卡中的"拆分列"命令

"拆分列"命令中有以下几个选项。

- 按分隔符：按照指定的分隔符号（如空格、逗号、分号以及指定的特殊字符）进行拆分。
- 按字符数：按照指定的字符长度进行拆分。
- 按位置：按照指定的位置进行拆分。
- 按照从小写到大写的转换：当字母从小写转换为大写时拆分。
- 按照从大写到小写的转换：当字母从大写转换为小写时拆分。
- 按照从数字到非数字的转换：当从数字转换为非数字（文本）时拆分。
- 按照从非数字到数字的转换：当从非数字（文本）转换为数字时拆分。

3.1.2 按分隔符拆分列：拆分成数列

在进行数据拆分时，最常见的情况是按照分隔符来拆分列，也就是数据中有明显的分隔字符。这种拆分简单，按照向导操作即可。

案例3.1

图 3.3 是一个示例，不同类型数据之间用一个竖线"|"分隔开。现在需要将数据按类型拆分为多列，操作步骤如下。

图3.3 7列不同类型的数据保存在一列

步骤1 选择这列数据，执行"主页"→"将标题作为第一行"命令，将标题下降为第一行数据。这么做是因为需要拆分列标题，因此就需要把这个标题当成行数据。降级后的表如图 3.4 所示。

图3.4 降级标题

步骤2 执行"拆分列"→"按分隔符"命令，打开"按分隔符拆分列"对话框，从"选择或输入分隔符"下拉列表中选择"--自定义--"，并输入"|"，如图 3.5 所示。

图3.5 在"选择或输入分隔符"输入值

一般情况下，Power Query 会自动辨认，并指定分隔符，因此用户只需要检查是否为正确的分隔符即可。

另外，由于要按照分隔符"|"拆分成多列，因此还需要在"按分隔符拆分列"对话框中选中"每次出现分隔符时"单选按钮。

步骤 3 单击"确定"按钮,就得到拆分后的结果,如图 3.6 所示。

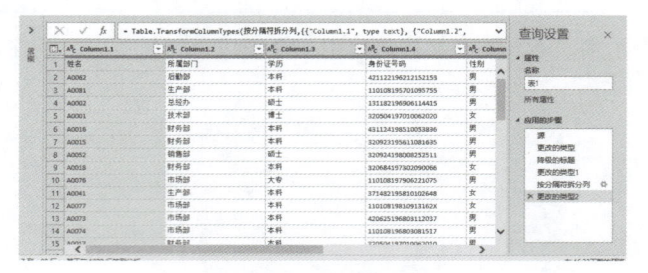

图3.6 拆分列后的表

步骤 4 执行"将第一行用作标题"命令,将第一行变为真正的表标题,如图 3.7 所示。

图3.7 提升标题

步骤 5 本案例中还有两列日期数据("出生日期"和"入职时间"),但这两列的数据类型并不是数值型日期(如 1962.12.15 这样的数据),因此还需要将这两列的数据类型设置为"数值型日期",将其转换为真正的日期,如图 3.8 所示。

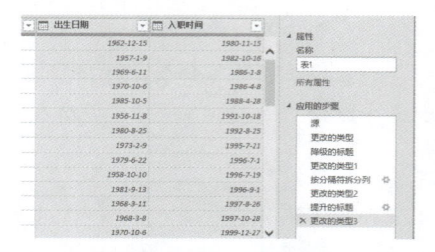

图3.8 设置日期数据类型后转换为数值型日期

3.1.3 按分隔符拆分列:拆分成数行

如果多项数据用指定分隔符保存在了一个单元格,现在要将这些数据进行拆分,并按行保存,此时使用 Power Query 是最简单、最高效的方法。

案例3.2

如图 3.9 所示,表格中的一个单元格中保存了多项数据(门牌号),这样的表格是无法进行进一步统计分析的,现在需要把这样的表转换成右侧的表单形式。

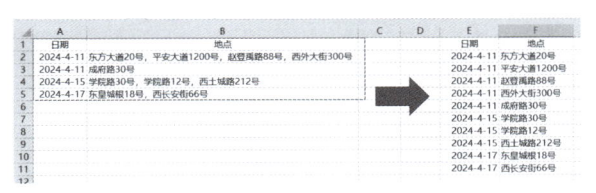

图3.9　将单元格中的多项数据整理为右侧的表单

拆分的主要操作步骤如下。

步骤 1 执行"数据"→"来自表格/区域"命令，创建查询，打开"Power Query 编辑器"窗口，如图 3.10 所示。

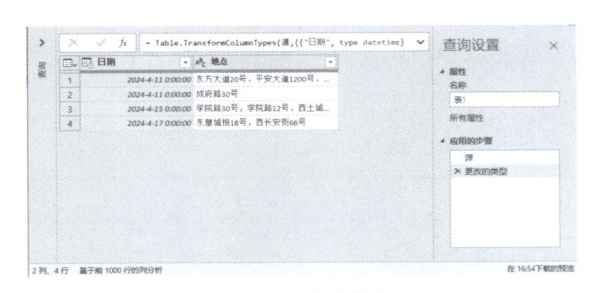

图3.10　创建查询

步骤 2 设置"日期"列的数据类型为"日期"。

步骤 3 选择第二列，执行"拆分列"→"按分隔符"命令，打开"按分隔符拆分列"对话框，在"选择或输入分隔符"下拉列表中选择"--自定义--"，并输入中文逗号"，"。注意：需选中"每次出现分隔符时"单选按钮。

再单击"高级选项"，展开对话框，选中"行"单选按钮，如图 3.11 所示。

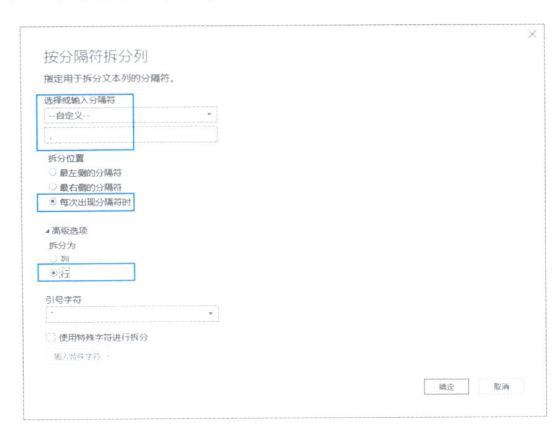

图3.11　"按分隔符拆分列"对话框

步骤 4 单击"确定"按钮，就得到需要的结果，如图 3.12 所示。最后再将数据导出到 Excel 工作表，即可完成数据整理工作。

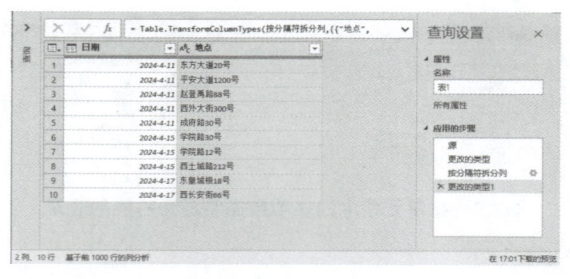

图3.12　拆分完成

3.1.4　按字符数拆分列

当要提取拆分的字符数是固定位数时，可以按照字符数来拆分列。但是，在拆分列时，有一些细节需要注意。下面将结合实际案例进行说明。

案例3.3

扫码看视频

案例所用表格如图3.13所示，要求把地址数据按邮政编码和地址分成两列。

图3.13　邮政编码和地址保存在一个单元格中

由于邮政编码是固定的6位数字，因此可以使用"按字符数"来拆分列。

步骤①　选择"地址"列。

步骤②　执行"拆分列"→"按字符数"命令，打开"按字符数拆分列"对话框，设置如图3.14所示。

（1）在"字符数"文本框中输入6。

（2）在"拆分"选项中选中"一次，尽可能靠左"命令按钮。

（3）单击"高级选项"，展开对话框，选中"列"命令按钮。

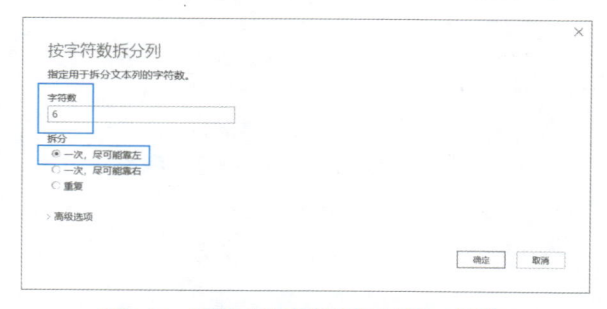

图3.14　设置"按字符数拆分列"对话框

步骤3 单击"确定"按钮，就得到如图3.15所示的拆分结果。

图3.15 初步拆分的结果

步骤4 在这个拆分结果中，第一列邮编编码的数据类型是错误的，因为系统自动把文本型数据转换为了数值型数据，因此需要在"应用的步骤"中执行删除"更改的类型"操作，就得到正确的邮政编码。最后再把标题修改为确切名称，得到需要的表格，如图3.16所示。

图3.16 完成拆分列后的表格

3.1.5 按位置拆分列

当要提取的字符数是固定位数时，可以按位置数来拆分列。在拆分列时，有一些细节需要注意。下面将结合实际案例进行说明。

案例3.4

该案例所用表格如图3.17所示，现在要求将其拆分为"地区""供应商编码"和"供应商名称"3列。

图3.17 示例数据

原始数据特征是：地区，左侧第一个开始，共2个字符；供应商编码，左侧第三个字符开始，共6个字符；供应商名称，左侧第九个字符开始，直到结束的所有字符。可以按照位置来拆分列。

不过需要注意，与Excel不同的是，在Power Query中，字符位置序号是从0开始的，也就是说，左侧第一个字符的位置序号是0，第二个字符的位置序号是1，以此类推。因此，如果按照位置拆分，那么这3列数据的起始位置序号分别是0、2、8。

创建查询，打开"Power Query编辑器"窗口，选择该列，执行"拆分列"→"按位置"命令，打开"按位置拆分列"对话框，输入3列的位置序号"0,2,8"，如图3.18所示。

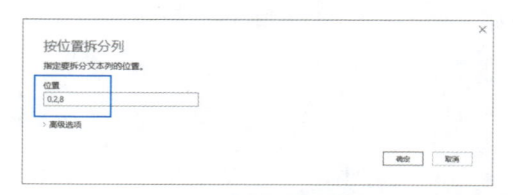

图3.18 输入"位置"序号

那么，就得到如图 3.19 所示的拆分列结果。最后再修改列标题，并导出数据。

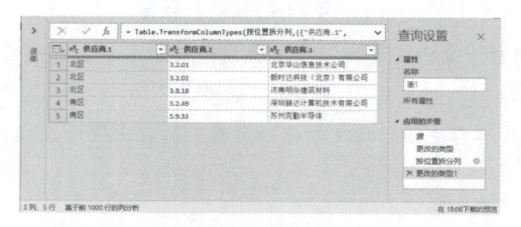

图3.19 拆分列结果

3.1.6 按照从数字到非数字的转换拆分列

对于某些有明显数字和文本区别的数据拆分问题，可以使用"按照从数字到非数字的转换"命令来拆分列，下面举例说明。

案例3.5

该案例所用表格如图 3.20 所示，左侧是科目的编码名称在一起的数据，现在要将这列拆分成"科目编码"和"科目名称"两列。

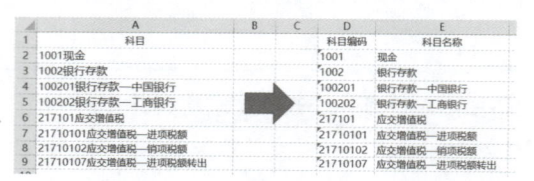

图3.20 将数据拆分为"科目编码"和"科目名称"两列

科目编码是数字，科目名称是文本，当字符从数字转换为非数字（文本）时，就表示从这个字符开始，前面的是科目编码，后面的是科目名称。因此，用户可以使用"按照从数字到非数字的转换"命令来拆分列就可以快速完成拆分列工作。

创建查询，打开"Power Query 编辑器"窗口，选择该列，执行"拆分列"→"按照从数字到非数字的转换"命令，即可将数据拆分成两列，如图 3.21 所示。

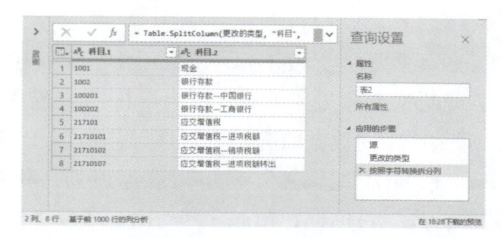

图3.21 使用"按照从数字到非数字的转换"命令来拆分列

最后修改标题，并导出数据，就完成了拆分科目的编码名称的任务。

3.1.7 按照从非数字到数字的转换拆分列

对于某些有明显数字和文本区别的数据拆分问题，也可以使用"按照从非数字到数字的转换"命令来拆分列，下面举例说明。

案例3.6

该案例所用表格如图3.22所示，左侧是联系人和电话号码连在一起的数据，现在要将它们拆分成右侧的"联系人"和"电话"两列数据。

图3.22　将数据拆分为"联系人"和"电话"两列

联系人是文本（非数字），电话号码是数字。因此，用户可以使用"按照从非数字到数字的转换"命令来拆分列就可以快速完成拆分列工作。

创建查询，打开"Power Query 编辑器"窗口，选择该列，执行"拆分列"→"按照从非数字到数字的转换"命令，即可将数据拆分成两列，如图 3.23 所示。

最后修改标题，并导出数据，就完成了拆分联系人和电话的任务。

图3.23　使用"按照从非数字到数字的转换"命令来拆分列

3.1.8 拆分列综合应用案例

在介绍了拆分列的基本技能和基本应用后，本节将介绍一个拆分列的综合应用案例，复习并巩固拆分列的相关技能和技巧。

案例3.7

图 3.24 是一个门店信息数据表，现在要求拆分为包含"大区编码""大区""城区编码""城区""门店编码"和"门店名称"列的工作表。

图3.24　门店信息数据表

在本案例中，大区、城区和门店之间的分隔符为"/"，并且编码均为数字，名称均为文本。因此，可以先用分隔符"/"拆分，再使用"按照从数字到非数字的转换"命令来拆分。

步骤 1 建立查询，执行"拆分列"→"按分隔符"命令，将大区、城区和门店拆分成 3 列，如图 3.25 所示。

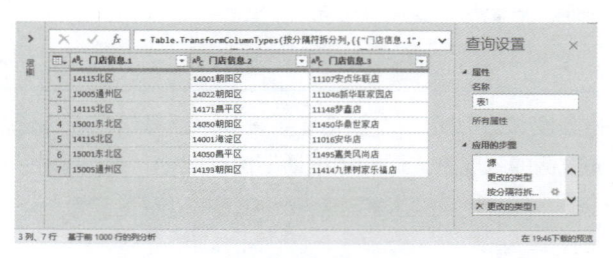

图3.25　第一次拆分

步骤 2 选择第一列，执行"拆分列"→"按照从数字到非数字的转换"命令，将该列拆分成两列，如图 3.26 所示。

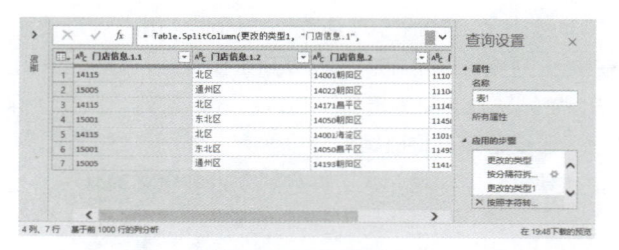

图3.26　第二次拆分

步骤 3 依此方法，分别对城区和门店信息进行拆分，得到城区和门店的编码及名称，如图 3.27 所示。

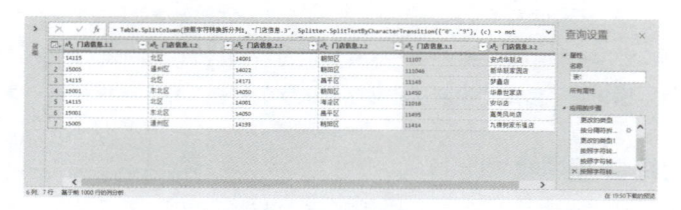

图3.27　拆分完毕的表

步骤 4 修改各列标题，将数据导出到 Excel 工作表，就得到需要的结果。

3.2 合并列

合并列就是把选定的几个数据列合并为一列，在 Excel 中可以使用 TEXTJOIN 函数进行合并，在 Power Query 里则有"合并列"工具实现此功能。

3.2.1 将多列合并为一列，不保留原始列

如果要将多列合并为一列，且不保留原始列，则可以执行"转换"→"合并列"命

令，如图 3.28 所示；或者右击，在快捷菜单中选择"合并列"命令，如图 3.29 所示。

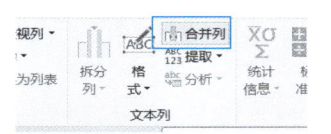

图3.28 "转换"选项卡中的"合并列"命令

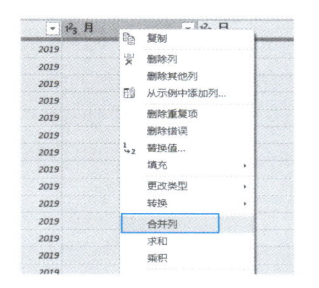

图3.29 快捷菜单中的"合并列"命令

案例3.8

图 3.30 是一个销售记录表，日期数据是分成年、月、日 3 列保存的，现在要把这 3 列数据合并成一列，替换原来的 3 列。

图3.30 日期分成了年、月、日3列

操作步骤如下：

步骤 1 选择表中的年、月、日 3 列。执行"转换"→"合并列"命令，打开"合并列"对话框，设置"分隔符"及"新列名（可选）"选项，如图 3.31 所示。

（1）从"分隔符"下拉列表中选择"-- 自定义 --"。
（2）在"分隔符"下面的文本框中输入 –。
（3）在"新列名（可选）"文本框中输入"日期"。

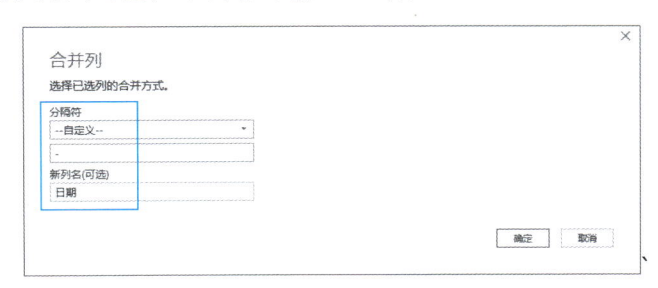

图3.31 设置"分隔符"及"新列名（可选）"选项

步骤 2 单击"确定"按钮，原来的 3 列数据合并为一个新列，如图 3.32 所示。
步骤 3 合并得到的日期是文本类型，因此需要将其数据类型设置为"日期"。最后的

31

结果如图 3.33 所示。

图3.32　合并后的"日期"列

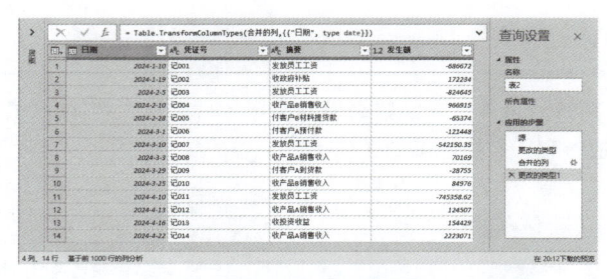

图3.33　设置文本型日期的数据类型为"日期"

3.2.2　将多列合并为新列，保留原始列

如果在合并列操作后，仍想保留原始列，此时需要在"添加列"选项卡中单击"合并列"命令，如图 3.34 所示。

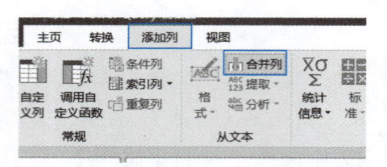

图3.34　"添加列"选项卡中的"合并列"命令

◎ 案例3.9

图 3.35 是一个包含"邮政编码"和"地址"两列数据的工作表，现在要求在保留这两列数据的基础上新增加一列"快递地址"，该列为邮政编码和地址的合并列，合并时中间用一个空格分隔开。

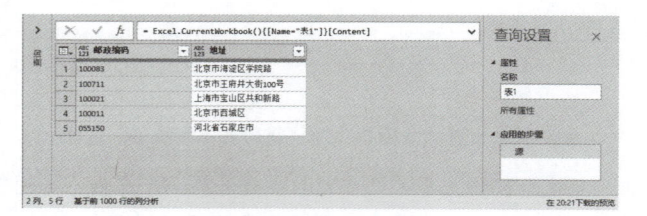

图3.35　邮政编码和地址

步骤 1 选择"邮政编码"和"地址"这两列。

步骤 2 执行"添加列"→"合并列"命令，打开"合并列"对话框，在"分隔符"下拉列表中选择"空格"，在"新列名（可选）"文本框中输入"快递地址"，如图3.36所示。

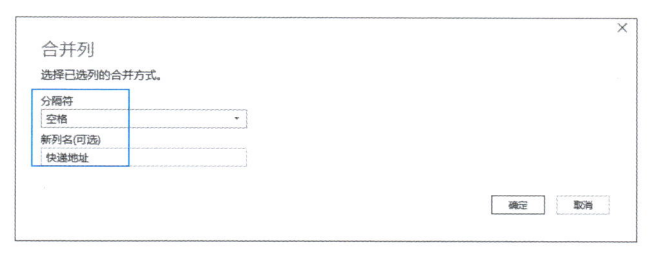

图3.36 选择分隔符并输入新列名

步骤 3 单击"确定"按钮，就得到了需要的工作表，如图3.37所示。

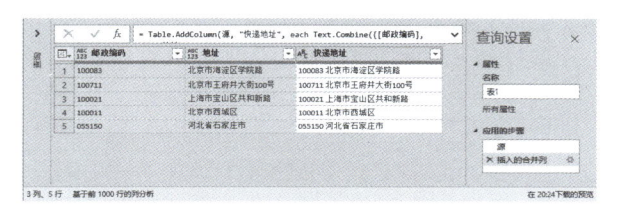

图3.37 新增一列"快递地址"的工作表

3.3 提取字符

提取字符就是从一行文本中把需要的字符提取出来。提取字符在实际工作中很常见，如从地址信息中提取邮政编码、从身份证号码中提取出生日期或性别等。

提取字符操作是使用"提取"命令。"提取"命令分别位于"转换"选项卡和"添加列"选项卡，如图3.38和图3.39所示，分别执行这两个"提取"命令，会得到不同的处理结果。

执行"转换"→"提取"命令，提取出的字符会替换原始列，原始列不再存在。

执行"添加列"→"提取"命令，提取出的字符会生成一个新列，而原始列仍然存在。

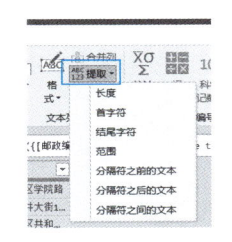

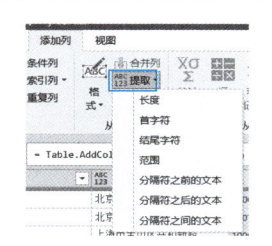

图3.38 "转换"选项卡中的"提取"命令　　图3.39 "添加列"选项卡中的"提取"命令

"提取"命令有7个选项，各选项的功能简述如下：

◎ 长度：计算字符串的字符数，功能相当于Excel的LEN函数。
◎ 首字符：提取最左侧指定个数的字符，功能相当于Excel的LEFT函数。

- 结尾字符：提取最右侧指定个数的字符，功能相当于 Excel 的 RIGHT 函数。
- 范围：提取从指定位置开始、指定个数的字符，功能相当于 Excel 的 MID 函数。
- 分隔符之前的文本：提取指定分隔符之前的所有字符，功能相当于 Excel 的 LEFT 函数和 FIND 函数。
- 分隔符之后的文本：提取指定分隔符之后的所有字符，功能相当于 Excel 的 MID 函数和 FIND 函数。
- 分隔符之间的文本：提取指定分隔符之间的所有字符，功能相当于 Excel 的 MID 函数和 FIND 函数。

3.3.1 将提取的字符替换原始列

如果使用"转换"选项卡中的"提取"命令，就会在原始列位置提取字符。它的作用是仅仅保留提取出的字符，而其他的字符则被删除，这样操作后，该列数据已经发生了根本改变。

例如，对图 3.40 中的数据，若使用"转换"选项卡中的"提取"命令，来提取左侧的 6 位邮政编码，那么就会将该列数据转换为提取出的邮政编码，原数据就不存在了，结果如图 3.41 所示。

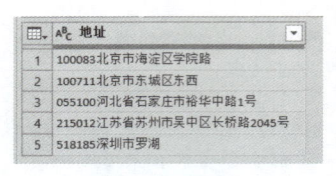

图3.40 原始列数据　　　　　　　　图3.41 替换原始列

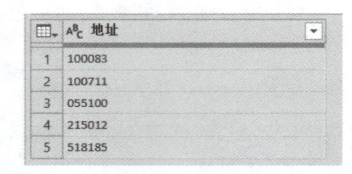

顾名思义，"转换"就是把原始列转换为别的列。

3.3.2 将提取的字符添加为新列

如果使用"添加列"选项卡中的"提取"命令，就会将提取出的字符作为新列添加到表中，而原始列仍然存在。

例如，对图 3.40 中的数据，若使用"添加列"选项卡中的"提取"命令，来提取左侧的 6 位邮政编码，那么就会在表中添加一个新列，用来保存提取出的邮政编码，结果如图 3.42 所示。

图3.42 添加为新列

3.3.3 提取最左侧的字符

执行"提取"→"首字符"命令，就是提取最左侧指定个数字符的操作。此时，在打开的"插入首字符"对话框中输入保留的起始字符个数即可。

案例3.10

图 3.43 所示是一个保存合同号的工作表，合同号的编制规则是 4 个字母（项目编码）+6 位数的日期（年份和月份）+3 位数字（当月的合同顺序号）+1 个字母（业务员的缩写）。

现在要求从合同号中提取项目编码等信息，保存为不同的列。

图3.43 示例数据

步骤 1 建立查询。

步骤 2 选择"合同号"列，执行"添加列"→"提取"→"首字符"命令，打开"插入首字符"对话框，在"计数"文本框中输入 4，如图 3.44 所示。

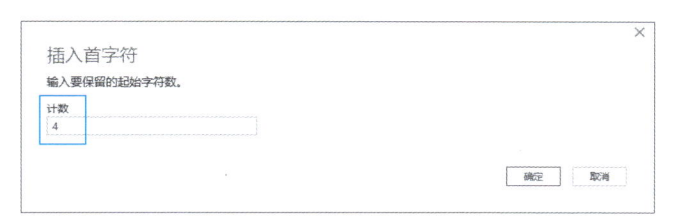

图3.44 输入要提取首字符的个数

步骤 3 单击"确定"按钮，就得到如图 3.45 所示的结果。

图3.45 提取最左侧的4个字母并单列保存

步骤 4 再把标题"首字符"修改为"项目编码"即可。

3.3.4 提取最右侧的字符

提取最右侧的字符与提取最左侧的字符的方法相同。

例如，对于案例 3.10 中的合同号，要把最右侧的 1 个字母提取出来，就可以选择"合同号"列，执行"添加列"→"提取"→"结尾字符"命令，打开"插入结尾字符"对话框，在"计数"文本框中输入 1，如图 3.46 所示。单击"确定"按钮，就得到了最右侧的字符，如图 3.47 所示。

最后再把标题"结尾字符"修改为"业务员"即可。

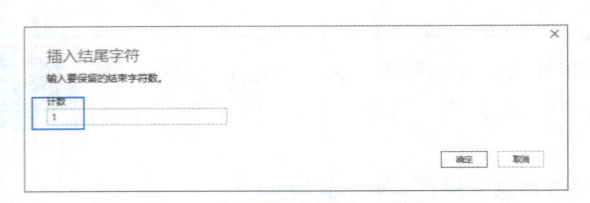

图3.46 输入要提取结尾字符的个数

图3.47 提取最右侧的1个字母并单列保存

3.3.5 提取中间字符

提取中间字符就是从指定的位置开始提取指定个数的字符。

例如，对于案例 3.10 中的合同号，要把最中间的年份和月份数字提取出来，年份数字是从第五个字符开始，长度为 4；月份数字是从第九个字符开始，长度为 2，那么就可以执行两次操作，分别取出年份和月份数字。

选择"合同号"列，执行"添加列"→"提取"→"范围"命令，打开"插入文本范围"对话框，在"起始索引"文本框中输入 4，在"字符数"文本框中输入 4，如图3.48 所示，单击"确定"按钮，就得到了年份的 4 位数字，如图 3.49 所示。

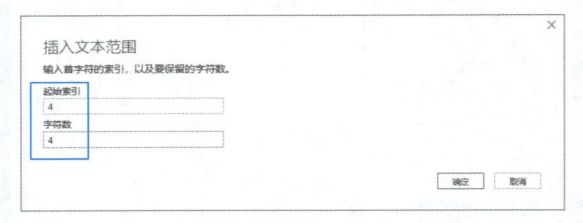

图3.48 输入年份的"起始索引"和"字符数"

图3.49 提取出年份数字并单列保存

最后再把标题"文本范围"修改为"年份"即可。

特别注意和提醒：在 Power Query 中，起始索引号是从 0 开始的，而不是从 1 开始。例如，从第五个字符开始提取，那么按从 0 开始计数就是 4。

月份数字的提取方法与年份数字的提取方法相同，图 3.50 和图 3.51 分别是提取月份时的对话框设置和提取结果。

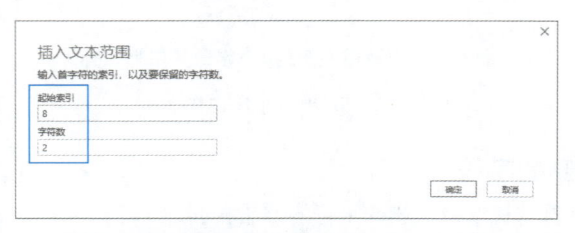

图3.50 输入月份的"起始索引"和"字符数"

提取某月的合同序号与提取年份和月份的方法相同。图 3.52 是提取后的最终结果。

图3.51 提取出月份数字并单列保存

图3.52 从合同号提取出所有数据后的表

3.3.6 提取分隔符之前的字符

很多数据存在有分隔符的情况，这样就可以根据分隔符来提取数据，或者对数据进行分列。这种数据处理方法也很简单，按照向导操作即可完成。

案例3.11

图3.53所示是一个包含科目名称的信息表，由3种数据组成，分别为"科目编码""总账科目"和"二级科目"，科目编码与总账科目之间用空格分隔开，总账科目与二级科目之间用斜杠"/"分隔开。现在要在"科目名称"列中提取出这3种数据，并分别保存为3列。

图3.53 各类数据之间用空格或斜杠隔开

步骤1 建立查询。

步骤2 选择"科目名称"列，执行"添加列"→"提取"→"分隔符之前的文本"命令，打开"分隔符之前的文本"对话框，在"分隔符"文本框中输入一个空格，如图3.54所示。

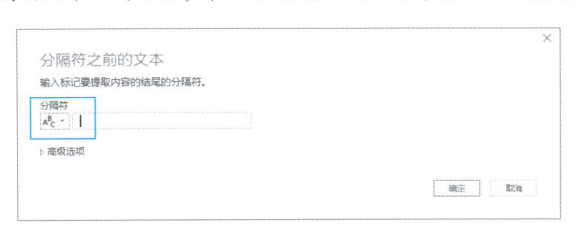

图3.54 在"分隔符"文本框中输入一个空格

步骤3 单击"确定"按钮，就得到如图3.55所示的结果。然后将默认的标题"分隔符之前的文本"重命名为"科目编码"。

3.3.7 提取分隔符之后的字符

在案例3.11中提取二级科目，因为此名称在斜杠的后面，因此可以使用"分隔符之后的文本"命令。此时，在"分隔符之后的文本"对话框的设置如图3.56所示。

图3.55 提取出的科目编码

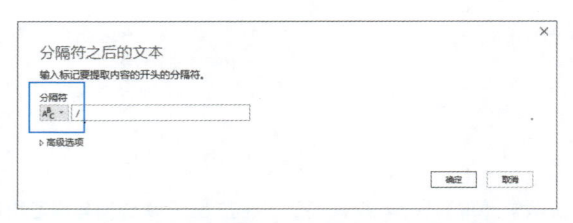

图3.56 在"分隔符"文本框中输入斜杠"/"

那么,就得到如图3.57所示的结果。然后将默认的标题"分隔符之后的文本"重命名为"二级科目"。

图3.57 提取出的二级科目

3.3.8 提取分隔符之间的字符

在案例3.11中,总账科目在空格和斜杠两个分隔符的中间,因此可以使用"分隔符之间的文本"命令。此时,"分隔符之间的文本"对话框的设置如图3.58所示。其中,在"开始分隔符"文本框中输入一个空格,在"结束分隔符"文本框中输入斜杠"/"。

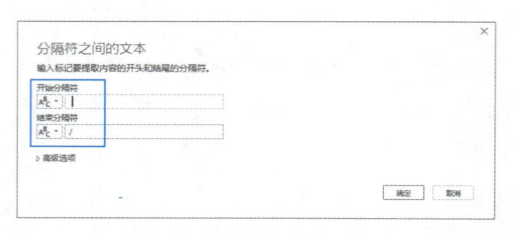

图3.58 设置"开始分隔符"和"结束分隔符"

提取字符后的表如图3.59所示。然后将默认的标题"分隔符之间的文本"重命名为"总账科目"。

最后,调整"二级科目"列和"总账科目"列的位置,就得到需要的表格,如图3.60所示。

图3.59 从科目名称中提取出的3列数据

图3.60 最终得到的表

3.3.9 综合练习：从身份证号码中提取信息

案例3.12

图 3.61 所示是一个身份证号码的数据列，要求从这列数据中分别提取出生日期、性别，并计算出年龄。

步骤 1 选择"身份证号码"列。

步骤 2 执行"添加列"→"提取"→"范围"命令，打开"插入文本范围"对话框，在"起始索引"文本框中输入6，在"字符数"文本框中输入8，如图 3.62 所示。

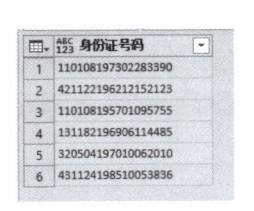

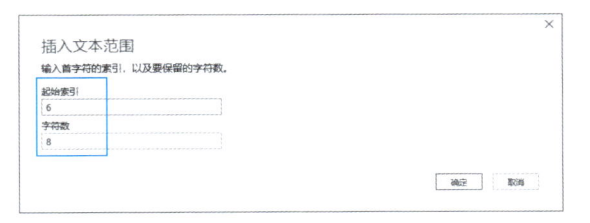

图3.61　身份证号码数据列

图3.62　输入提取出生日期的起始索引和字符数

步骤 3 单击"确定"按钮，得到如图 3.63 所示的结果。

步骤 4 修改新列的标题为"出生日期"，并将该列的数据类型设置为"日期"，得到真正的出生日期数据，如图 3.64 所示。

图3.63　提取的出生日期

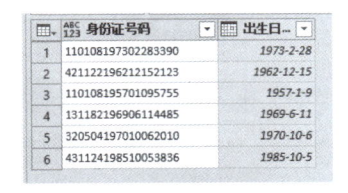

图3.64　转换为真正的日期格式

步骤 5 选择"出生日期"列，执行"添加列"→"日期"→"年限"命令，为表添加一个新列"年限"，如图 3.65 所示。这个年限就是出生日期距今天的天数。

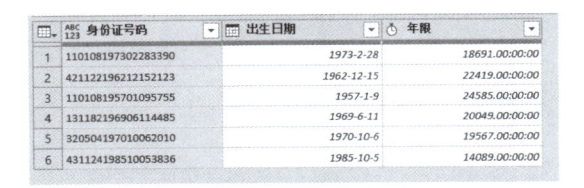

图3.65　根据"出生日期"列添加的"年限"列

步骤 6 选择"年限"列，执行"转换"→"持续时间"→"总年数"命令，如图 3.66 所示，将以天数表示的年限数据转换为了以年数表示的年限数据，如图 3.67 所示。

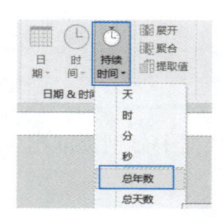

图3.66 "总年数"命令

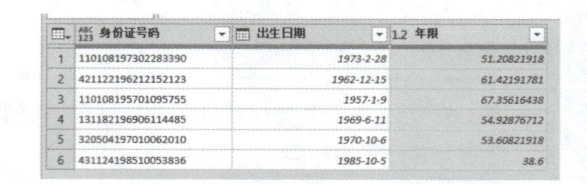

图3.67 以年数表示的"年限"列

步骤 7 将"年限"列的数据类型设置为"整数",就得到年龄的结果;再将默认的标题"年限"修改为"年龄",结果如图3.68所示。

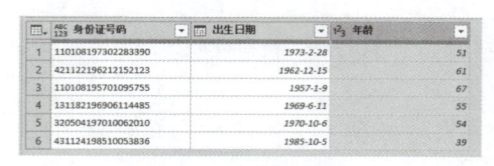

图3.68 计算得到的年龄

步骤 8 选择"身份证号码"列,执行"添加列"→"提取"→"范围"命令,打开"插入文本范围"对话框,在"起始索引"文本框中输入16,在"字符数"文本框中输入1,即可从身份证号码中提取第17位数字(这位数字是判断性别的),如图3.69所示。

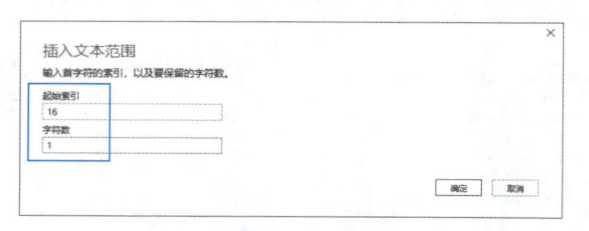

图3.69 提取身份证号码的第17位数字

步骤 9 单击"确定"按钮,就得到一个存放提取出的身份证号码的第17位数字的新列,如图3.70所示。

步骤 10 将该列的数据类型设置为"整数",然后执行"转换"→"信息"→"偶数"(也可以选择"奇数")命令,如图3.71所示。

图3.70 提取出的身份证号码的第17位数字的新列

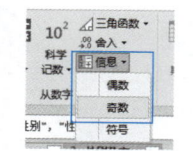

图3.71 "信息"菜单下的"偶数"和"奇数"命令

这样,就得到了一列判断性别数字是否为偶数的新列。如果是偶数,其值为TRUE;否则为FALSE,如图3.72所示。

图3.72 判断数字是否偶数

步骤 11 将这列的 true 替换为文本字符"女",将 false 替换为文本字符"男"。但是,这列的数据类型是逻辑值 true/false,两者数据类型不匹配,因此需要先将这列的数据类型设置为"文本",如图 3.73 所示。

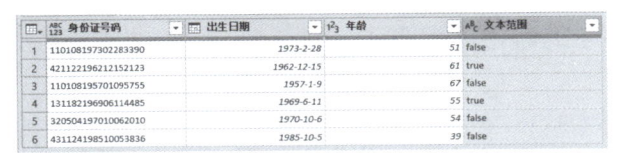

图3.73 设置这列的数据类型为"文本"

步骤 12 将这列中的字符 true 替换为"女",将 false 替换为"男",如图 3.74 所示。

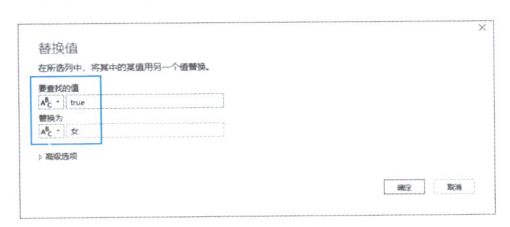

图3.74 将字符true替换为"女"

步骤 13 将这列标题修改为"性别"。最终结果如图 3.75 所示。

图3.75 从身份证号码中提取的出生日期、年龄和性别

3.4 清除文本中的"垃圾"

如果数据前后或中间有空格、非打印字符等"垃圾",就需要将这些字符清除。在 Power Query 中,可以使用相关工具快速清理数据。

3.4.1 清除文本前后的空格

案例3.13

图 3.76 所示的文本前后都有空格,现在要将文本前后的空格清除。

用户可以使用"替换值"工具将所有空格替换掉,也可以执行"转换"→"格式"→"修整"命令,如图 3.77 所示,即可将文本前后的空格全部清

除，如图 3.78 所示。

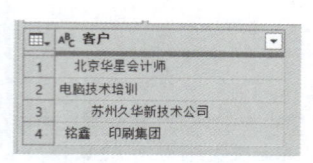

图3.76　文本前后都有空格　　　图3.77　"修整"命令　　　图3.78　清除文本前后的空格

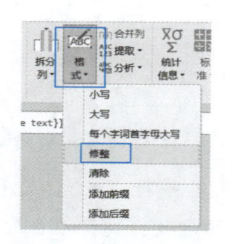

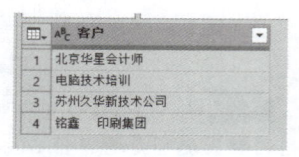

3.4.2　清除文本中的非打印字符

案例3.14

图 3.79 所示的工作表中，"业务编号"列和"金额"列前后都有肉眼看不到的非打印字符，必须将其清除。

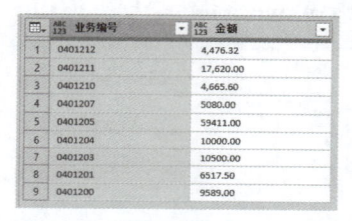

图3.79　数据前后有非打印字符

对于"金额"列中的数字来说，将其数据类型直接设置为"小数"，就会自动清除数字前后的非打印字符。

但对于"业务编号"列中的文本数据来说，则需要执行"格式"→"修整"命令，才能清除文本前后的非打印字符。

3.5　字母大小写转换

当需要对字母大小写进行转换时，可以使用 Power Query 有关工具快速完成。下面将结合案例介绍相关的技能和技巧。

案例3.15

图 3.80 所示 Name 列中的数据（国家的英文名称）有的是大写字母，有的是小写字母。现在按要求对 Name 列中的英文字母进行转换。

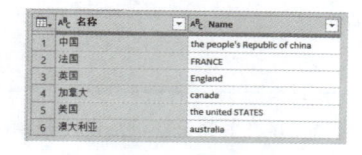

图3.80　英文名称示例

3.5.1 字母大写转小写

在"转换"选项卡中,执行"格式"→"小写"命令,如图 3.81 所示,就将 Name 列中所有单词的字母转换为小写,如图 3.82 所示。

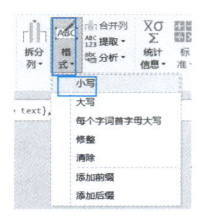

图3.81 "小写"命令　　　　图3.82 所有单词的字母转换为小写

3.5.2 字母小写转大写

在"转换"选项卡中,执行"格式"→"大写"命令,如图 3.83 所示,就将所有单词的字母转换为大写,如图 3.84 所示。

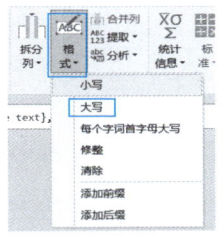

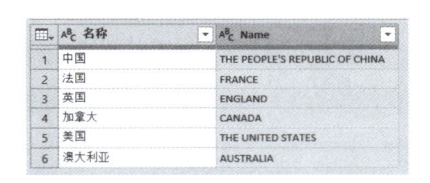

图3.83 "大写"命令　　　　图3.84 所有单词的字母转换为大写

3.5.3 单词首字母转大写

在"转换"选项卡中,执行"格式"→"每个字词首字母大写"命令,如图 3.85 所示,就将 Name 列中所有单词的首字母转换为大写,如图 3.86 所示。

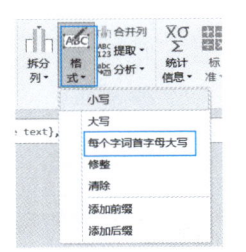

图3.85 "每个字词首字母大写"命令　　　　图3.86 所有单词首字母转换为大写

3.6 添加前缀和后缀

在"格式"选项卡中,还有两个命令,即"添加前缀"和"添加后缀"。通过执行这两个命令,可以完成在文本的前面和后面添加必要的前缀和后缀。

案例3.16

图 3.87 所示数据为"合同号",现在要求在合同号前面添加前缀"2024-",在合同号后面添加后缀"-QT"。例如,将"ALP2058"变为"2024-ALP2058-QT"。

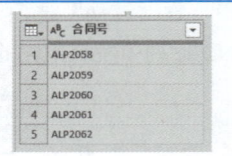

图3.87 "合同号"示例

3.6.1 添加前缀

在"转换"选项卡中,执行"格式"→"添加前缀"命令,如图 3.88 所示,打开"前缀"对话框,在"值"文本框中输入前缀字符"2024-",如图 3.89 所示。

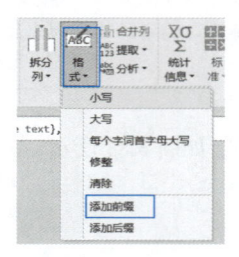

图3.88 "添加前缀"命令

图3.89 输入前缀字符"2024-"

单击"确定"按钮,"合同号"列中就添加了指定的前缀字符"2024-",如图 3.90 所示。

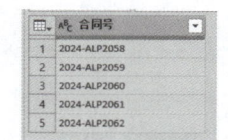

3.6.2 添加后缀

在"转换"选项卡中,执行"格式"→"添加后缀"命令,如图 3.91 所示,打开"后缀"对话框,在"值"文本框中输入后缀字符"-QT",如图 3.92 所示。

图3.90 添加前缀字符

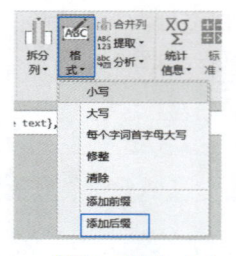

图3.91 "添加后缀"命令

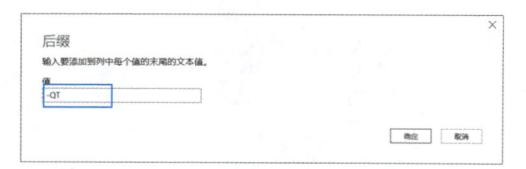

图3.92 输入后缀字符"-QT"

单击"确定"按钮,就添加了指定的后缀字符"-QT",如图 3.93 所示。

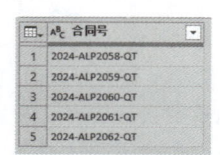

图3.93 添加后缀字符

第 4 章
日期时间数据处理技能与技巧

对于日期和时间数据而言，用户可以使用相关的工具进行各种处理，如转换日期格式、从日期中提取日期信息等。本章结合实例，将介绍日期时间数据处理的技能和技巧。

4.1 转换日期格式

一般情况下，如果日期是文本型数据，同时遵循日期规则，那么可以通过设置数据类型的方法来转换日期；如果文本型日期数据不遵循日期规则，则需要做必要整理再进行转换。

4.1.1 通过设置数据类型转换日期

案例4.1

图 4.1 所示的各列的日期数据类型都是文本型数据，而不是数值型数据，需要转换为真正的数值型日期。

建立查询，Power Query 会自动更改数据类型，将那些遵循日期规则、能转换为日期的文本型日期转换为数值型日期，如图 4.2 所示。其中，第二至第四列就自动转换为了"日期"。

图4.1 非法日期示例

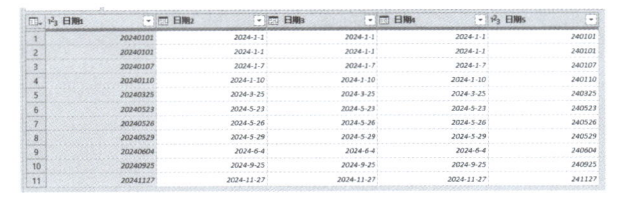

图4.2 自动更改数据类型

但是，第一列没有自动转换为"日期"，却转换为了"整数"，因此需要将其数据类型重新设置为"日期"，结果就正确了，如图 4.3 所示。

图4.3 重新设置数据类型

4.1.2 进行必要整理加工再设置数据类型转换日期

图4.3中的最后一列日期是诸如"240101"这样的数字，表示"2024-1-1"，年份只有两位数字，那么就不能通过设置数据类型直接进行转换了，否则为错误值，如图4.4所示。

图4.4 最后一列不能设置数据类型为"日期"

此时，可以先为该列数据添加前缀"20"，如将"240101"转换为"20240101"这样的数字，如图4.5所示；然后再将该列的数据类型设置为"日期"，就能得到正确的结果。

图4.5 为数据添加前缀"20"

4.2 从日期中提取重要信息

执行"转换"→"日期"命令，或者执行"添加列"→"日期"命令，就会展开一个关于日期的命令菜单，如图4.6和图4.7所示。这样就可以对日期数据进行特殊处理，提取重要信息，如提取年份数、月份数、季度数等。

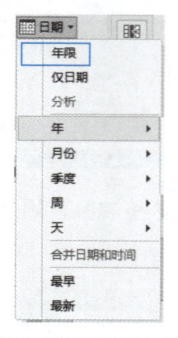

图4.6 "转换"选项卡中的"日期"命令　　图4.7 "添加列"选项卡中的"日期"命令

需要注意的是，当需要对日期进行各种处理计算时，一般不使用"转换"选项卡中的"日期"命令，因为它会替换掉原始列。而更多使用的是"添加列"选项卡中的"日期"命令。

4.2.1 计算当前日期与表格日期之间的天数

执行 "日期" → "年限" 命令，就会计算出某列数据的每个日期与系统当前日期之间的差值，也就是天数。例如，数据表的日期是 2019-3-10，当前日期是 2024-5-2，则它们的差值就是 1880，即相差 1880 天。

案例4.2

图 4.8 是一个合同数据，现在要计算出每个合同到期日与当前日期之间的差值天数，也就是计算出合同的逾期天数（如果结果为正数，表明合同已经逾期；如果结果为负数，表明合同还没有到期）。

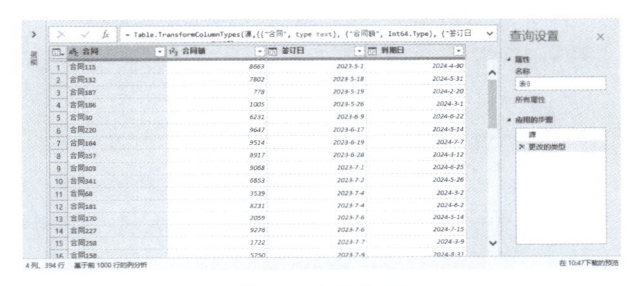

图4.8　合同数据

步骤 1　选择"到期日"列。

步骤 2　执行 "添加列" → "日期" → "年限" 命令，就得到如图 4.9 所示的结果（操作此案例的当前日期是 2024 年 5 月 2 日）。

图4.9　"到期日"列数据变为了时间格式的数字

步骤 3　将新增列默认的标题"年限"修改为"逾期天数"，再将此列的数据类型设置为"整数"，就可得到每个合同的逾期天数，如图 4.10 所示。

图4.10　得到新列"逾期天数"

4.2.2　计算日期的年数据

对于一个"日期"类型的数据，既可以提取每个日期的年份数字，也可以提取每个日期所在年份的开始日期（每年的 1 月 1 日）或每个日期所在年份的结束日期（每年的 12 月 31 日）。

执行"日期"→"年"命令，展开子菜单，如图 4.11 所示。

◎ 年：获取某个日期的年份数字，功能相当于 Excel 的 YEAR 函数。
◎ 年份开始值：计算某个日期所在年份的第一天日期。
◎ 年份结束值：计算某个日期所在年份的最后一天日期。

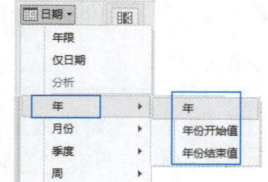

图4.11　"年"命令菜单的子菜单

案例4.3

图 4.12 所示是合同到期日数据，现在要求从"到期日"列中提取出到期日所在的年份数字，并保存在新列中。

图4.12　合同示例数据

步骤 ①　选择"到期日"列。

步骤 ②　执行"添加列"→"日期"→"年"命令，就得到一个到期日的年份数字列"年"，如图 4.13 所示。

图4.13　获取"到期日"列中的年份数字

4.2.3　计算日期的月数据

对日期也可以进行月份的相关计算。例如，提取月份数字、提取月份名称、计算一个月的天数等。

执行"日期"→"月份"命令，展开子菜单，如图 4.14 所示。

- 月份：计算某个日期的月份数字，功能相当于 Excel 的 MONTH 函数。
- 月份开始值：计算某个日期所在月份的第一天日期。
- 月份结束值：计算某个日期所在月份的最后一天日期，功能相当于 Excel 的 EOMONTH 函数。
- 一个月的某些日：计算某个日期所在月份的总天数。
- 月份名称：获得某个日期的月份名称（中文或英文名称）。

图4.14 "月份"命令子菜单

案例4.4

图 4.15 所示是应付款表数据，现在要求根据合同到期日计算付款截止日期。其规则是：无论是哪天签订的合同，付款截止日期都是合同到期日的下一个月的 10 号。

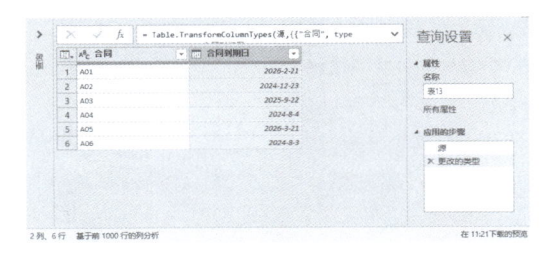

图4.15 应付款表数据

步骤1 选择"合同到期日"列。

步骤2 执行"添加列"→"日期"→"月份"→"月份结束值"命令，得到各个日期所在月份的月底日期，即"月份结束值"列，如图 4.16 所示。

图4.16 得到的"月份结束值"列

步骤3 将新添加的"月份结束值"列的数据类型设置为"整数"，如图 4.17 所示。

图4.17 设置"月份结束值"列的数据类型为"整数"

步骤 4 选择"月份结束值"列,执行"转换"→"标准"→"添加"命令,如图 4.18 所示,打开"加"对话框,在"值"文本框中输入 10,如图 4.19 所示。

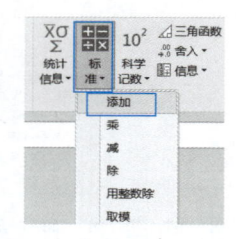

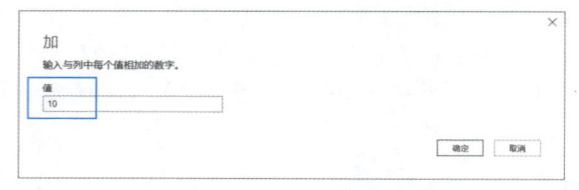

图4.18 "添加"命令　　　　图4.19 在"值"文本框中输入10

步骤 5 单击"确定"按钮,得到如图 4.20 所示的结果。

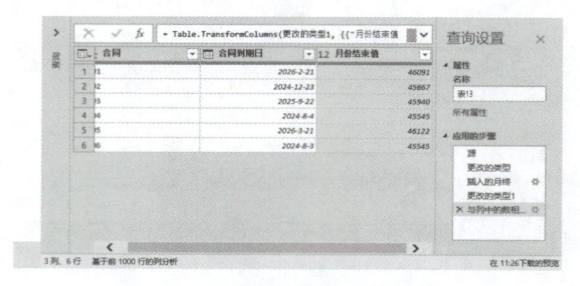

图4.20 月份结束值加上了数字10

步骤 6 将默认的列标题"月份结束值"修改为"付款截止日",并将该列的数据类型重新设置为"日期",即可得到要求的付款截止日结果,如图 4.21 所示。

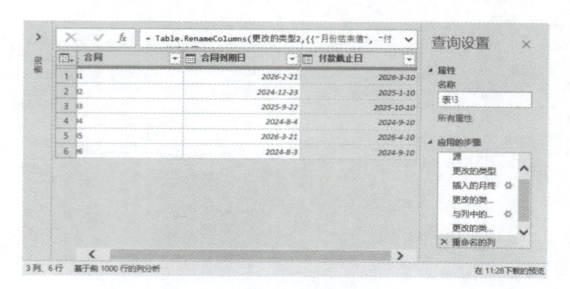

图4.21 得到的付款截止日

4.2.4 计算日期的季度数据

也可以对日期类型的数据进行与季度相关的计算。例如,计算某个日期所对应的季度数字、提取该日期所在季度的开始日期或结束日期。

执行"日期"→"季度"命令,展开子菜单,如图 4.22 所示。

◎ **一年的某一季度**:得到日期所在的季度数字。例如,2019-5-23 对应的季度数字是 2。

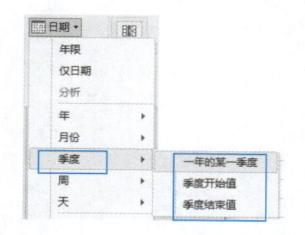

图4.22 "季度"命令的子菜单

- 季度开始值：某日期所在季度的第一天。例如，日期2019-5-23所在季度的第一天是2019-4-1。
- 季度结束值：某日期所在季度的最后一天。例如，日期2019-5-23所在季度的最后一天是2019-6-30。

案例4.5

在图4.23所示的表格中，从"日期"列中提取所在季度数字，并在该数字后再添加一个后缀"季度"，结果保存在新增的"季度"列。详细操作步骤请观看视频。

图4.23 新增的"季度"列

4.2.5 计算日期的周数据

可以对日期数据进行与周相关的计算。例如，计算某个日期是所在年度的第几周，计算某个日期是该月的第几周，每个星期的开始日期或结束日期等。

执行"日期"→"周"命令，展开子菜单，如图4.24所示。

- 一年的某一周：计算某个日期是一年的第几周，功能相当于Excel的WEEKNUM函数。例如，日期2019-5-23对应的周数字是21。
- 一个月的某一周：计算某个日期是某个月的第几周。例如，日期2019-5-23对应的周数字是4。
- 星期开始值：计算某个日期所在某个星期的第一天日期。例如，日期2019-5-23所在对应的周的第一天是2019-5-20。
- 星期结束值：计算某个日期所在某个星期的最后一天日期。例如，日期2019-5-23所在对应的周的最后一天是2019-5-26。

图4.24 "周"命令的子菜单

案例4.6

在图4.25所示的表格中，从"日期"列中提取该日期对应年度的周数字，再在该数字前添加一个前缀"第"，在该数字后添加一个后缀"周"，生成一个"周次"列。详细操作步骤请观看视频。

图4.25 添加的"周次"列

4.2.6 计算日期的天数据

可以对日期进行与天相关的计算。例如，提取日期所在月的天数字，计算某个日期在该年已过去的天数等。执行"日期"→"天"命令，展开子菜单，如图4.26所示。

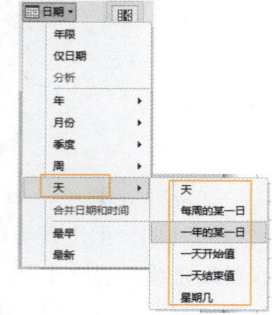

- 天：计算某个日期的天数数字。例如，日期2019-5-23，其天数数字就是23，功能相当于Excel的DAY函数。
- 每周的某一日：计算某个日期是每周的第几天，功能相当于Excel的WEEKDAY函数。
- 一年的某一日：计算某个日期是该年的第几天，也就是离年初已经过去了多少天。
- 一天开始值：如果日期数据中有时间数字时，就从0点开始计算。如果是一个纯日期，这个操作没意义。
- 一天结束值：如果日期数据中有时间数字时，就从半夜12点开始计算（也就是第二天的0点）。如果是一个纯日期，这个操作没意义。
- 星期几：计算某个日期是星期几，可以是中文星期名称或英文星期名称。

图4.26 "天"命令的子菜单

案例4.7

图4.27所示的工作表是从"日期"列中提取星期几名称。详细操作步骤请观看视频。

图4.27 添加的"星期几"列

4.2.7 获取某列日期中的最早日期或最新日期

如果要获取某列日期中的最早日期或最新日期，则可以执行"转换"→"日期"→"最早"命令，或执行"日期"→"最新"命令，如图4.28所示。此时，就会在编辑器中显示这个最早日期或者最新日期，如图4.29所示。

图4.28 "最早"和"最新"命令

图4.29 提取最早日期

4.3 日期和时间的拆分与合并

有些情况下，需要对日期与时间数据进行拆分或者合并，利用有关工具则可以快速完成日期和时间的拆分与合并工作。

4.3.1 从日期时间数据中分别提取日期和时间

如果日期数据和时间数据在一起，构成了既有日期也有时间的数据，此时可以执行"日期"→"仅日期"命令，将时间抹掉，仅仅提取里面的日期数据。

可以新增一列存放提取的日期，也可以将原始日期时间列整理为日期列。

案例4.8

图4.30所示是一份考勤数据，现在要求从"上班时间"列和"下班时间"列中分别提取日期、上班时间、下班时间，将其转换为包含3列数据的工作表。

图4.30 上下班时间是日期和时间一起的数据

步骤 ① 选择"上班时间"列，执行"添加列"→"日期"→"仅日期"命令，得到如图4.31的结果。

图4.31 得到"日期"列

步骤 2 选择"上班时间"列，执行"转换"→"时间"→"仅时间"命令，如图 4.32 所示，将"上班时间"列转换为仅有时间的数据，如图 4.33 所示。

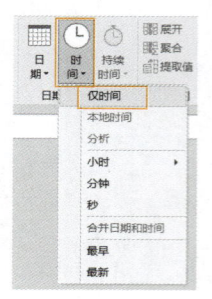

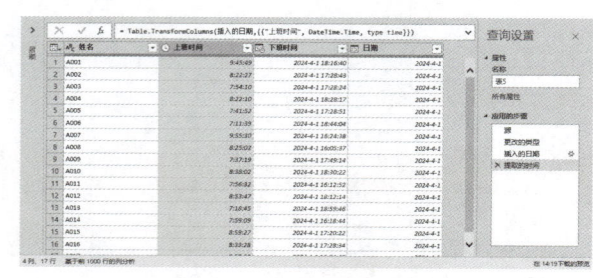

图4.32 "仅时间"命令

图4.33 提取上班时间

步骤 3 选择"下班时间"列，执行"转换"→"时间"→"仅时间"命令，将"下班时间"列转换为仅有时间的数据，如图 4.34 所示。

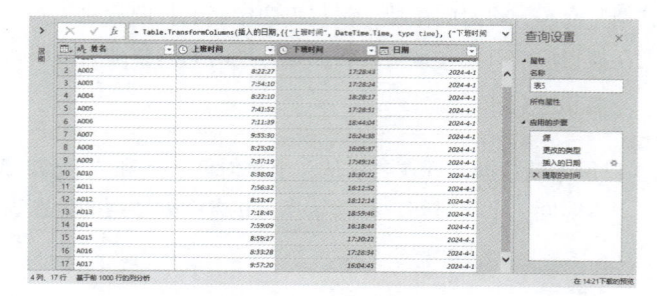

图4.34 提取下班时间

步骤 4 最后调整列次序，得到每个人的出勤时间表，如图 4.35 所示。

图4.35 整理加工后的出勤时间表

4.3.2 合并日期和时间

如果日期和时间是两列数据,现在要把它们合并为一列,则可以执行"转换"→"日期"→"合并日期和时间"命令。

案例4.9

图 4.36 的考勤表中,日期和时间分两列保存,现在要将"日期"和"上班时间"合并为一列。

步骤 1 选择"日期"和"上班时间"两列。

步骤 2 执行"转换"→"日期"→"合并日期和时间"命令,如图 4.37 所示,就得到需要的结果,如图 4.38 所示。

图4.36 日期和时间分两列保存

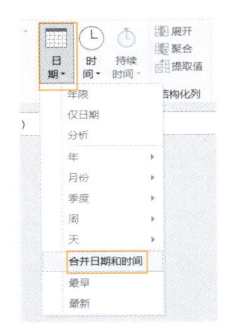

图4.37 "合并日期和时间"命令

图4.38 日期和时间合并为一列

第 5 章
数字处理技能与技巧

对于数字列而言，可以做的操作非常多。例如，批量计算某一列或者某几列的数字，对某一列或者某几列的数字进行四舍五入，对某一列数字进行简单的统计汇总计算（如求和、求最大值、最小值、平均值等）等。

与数字处理相关的操作，可以在"转换"选项卡的"编号列"功能组中执行相关的命令来完成，如图 5.1 所示；也可以在"添加列"选项卡的"从数字"功能组中执行相关的命令来完成，如图 5.2 所示。

图5.1 "转换"选项卡的"编号列"功能组　　图5.2 "添加列"选项卡的"从数字"功能组

5.1 对数字进行批量计算

当需要对某一列数字进行批量计算时，如统一加一个数、减一个数等，可以使用"标准"命令展开的子菜单，如图 5.3 所示。从字面上就能理解每个命令选项所能完成的数据处理，这里不再一一介绍。

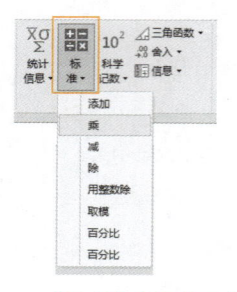

图5.3 "标准"命令的子菜单

5.1.1 基本的四则运算

在"标准"命令菜单中，包含添加、乘、减、除 4 个命令，就是普通的四则运算，执行这 4 个命令，即可对某一列或者某几列的数字进行统一计算。

案例5.1

图 5.4 是一个奖金表,现在要在该表中对每个人的奖金上浮 35%,具体步骤如下。

步骤 1 选择"奖金"列。

步骤 2 执行"转换"→"标准"→"乘"命令,打开"乘"对话框,在"值"文本框中输入 1.35(增加 35% 就是乘以 1.35),如图 5.5 所示。

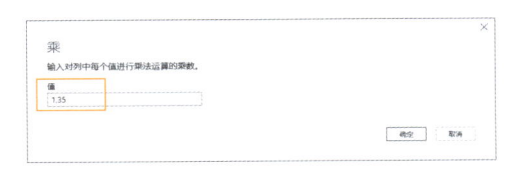

图5.4 奖金表

图5.5 在"值"文本框中输入1.35

步骤 3 单击"确定"按钮,就得到如图 5.6 所示的结果。

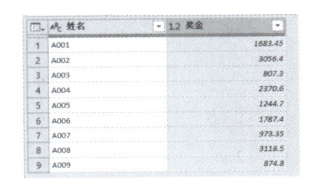

图5.6 上浮35%后的奖金数字

5.1.2 整除计算

如果要对数字除以一个数并取整,可以使用"标准"菜单中的"用整数除"命令。

案例5.2

如果对图 5.4 中的"奖金"数字除以 1.5,并取整,那么可以在"用整数除"对话框的"值"文本框中输入 1.5,如图 5.7 所示。

结果如图 5.8 所示。这里为了对比前后的数字,在"添加列"选项卡中执行命令。例如,原数字 1247,除以 1.5 后是 831.333333,取整后的结果则为 831。

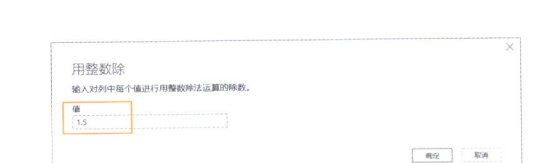

图5.7 在"值"文本框中输入1.5

图5.8 除以指定数字后取整

5.1.3 百分比计算

案例5.3

如果要让数字乘以一个百分比数字,如数字 1247 乘以 20%,结果是 249.4,那么就可以使用"百分比"命令(当然也可以使用"乘"命令)。

在使用"百分比"命令时,只需在"百分比"对话框中的"值"文本框中输入 20 就可以了,如图 5.9 所示,其效果就是将原数字乘以 0.2。

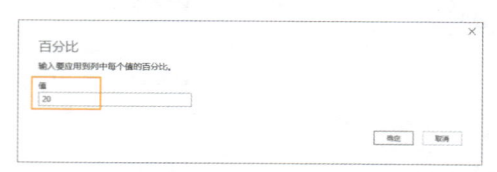

图5.9 输入百分比数字

奖金数字乘以 20% 的结果对比如图 5.10 所示。

在"标准"菜单中有两个"百分比"命令选项,第一个是乘以百分比数字,第二个是除以百分比数字。

分别执行两个百分比命令后的结果对比如图 5.11 所示,这里百分比数字的"值"都是 20。

例如,原数字 1247,第一个百分比命令结果是 249.4 (1247×20%=249.4),第二百分比命令结果是 6235 (1247÷20%=6235)。

图5.10 数字乘以一个百分比后的结果

图5.11 两个百分比命令的结果对比

5.2 对数字进行舍入计算

如果要对某一列或某几列数字进行舍入计算,可以使用"舍入"菜单命令下的有关命令选项,"转换"选项卡和"添加列"选项卡的"舍入"菜单分别如图 5.12 和图 5.13 所示。

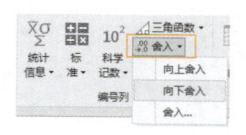

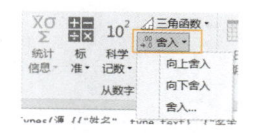

图5.12 "转换"选项卡中的"舍入"菜单   图5.13 "添加列"选项卡中的"舍入"菜单

5.2.1　普通四舍五入计算

案例5.4

图 5.14 中的"销售额"列有很多位小数,现在要求对"销售额"进行四舍五入,保留两位小数。

图5.14　有很多位小数的销售额数字

步骤①　选择"销售额"列。

步骤②　执行"舍入"→"舍入…"命令,打开"舍入"对话框,在"小数位数"文本框中输入 2,如图 5.15 所示。单击"确定"按钮,对该列数字进行四舍五入,结果如图 5.16 所示。

图5.15　在"小数位数"文本框中输入2　　　图5.16　对"销售额"列进行四舍五入

5.2.2　向上舍入为整数

案例5.5

如果要将数字向上舍入为整数,例如 203.11 舍入为 204,203.51 也舍入为 204,则可以使用"向上舍入"命令。执行"向上舍入"命令前后的对比如图 5.17 所示。

图5.17　执行"向上舍入"命令前后的对比

5.2.3　向下舍入为整数

案例5.6

如果要将数字向下舍入为整数,例如,203.11 舍入为 203,203.51 也舍入为 203,则可以使用"向下舍入"命令。执行"向下舍入"命令前后的对比如图 5.18 所示。

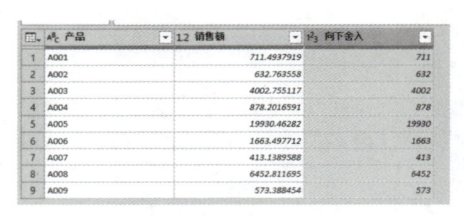

图5.18　执行"向下舍入"命令前后的对比

5.3 对数字进行其他处理

前面介绍了数字的常见处理技能和技巧，下面再介绍几个关于数字处理的其他技能。

5.3.1 判断数字奇偶

在某些情况下，需要判断数字的奇偶。例如，3.3.9 小节所介绍的从身份证号码中提取性别，就是将身份证号码的第 17 位数字提取出来，并判断该数字的奇偶。详细介绍请回看该节内容。

判断数字的奇偶，可以执行"信息"→"偶数"或"信息"→"奇数"命令，如图 5.19 所示。执行命令后，会将数字转换为逻辑值 TRUE 和 FALSE，如图 5.20 所示。

图5.19　判断数字奇偶命令　　　　图5.20　数字奇偶判断结果

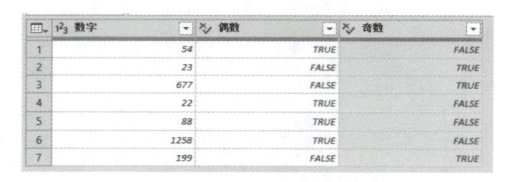

5.3.2 对数字列进行其他的计算处理

对数字列还可以进行其他的计算处理，如开平方、求绝对值等，这些操作都可以执行"科学记数"菜单中的相应命令来完成，如图 5.21 所示。感兴趣的用户，可以自行练习。

5.3.3 数据的汇总计算

如果想要对某列数据进行简单的汇总统计，如查看合计数、最大值等，可以使用"转换"选项卡的"统计信息"菜单中的相应命令，如图 5.22 所示。这些操作比较简单，用户可以自行练习。

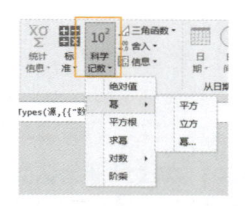

图5.21　"科学记数"菜单的命令选项 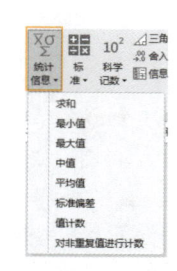　　　　图5.22　"统计信息"菜单的命令选项

第 6 章
向表添加新列

原始数据表单中的字段并不一定能够满足实际要求,很多情况下需要添加新列(自定义列)。在 Power Query 中,可以在不改变原始表单的情况下,为表添加新列,以完成更多的数据处理。

为表添加新列有以下 3 种情况:
- 添加索引列。
- 添加条件列。
- 添加自定义列。

6.1 添加索引列

对数据库来说,索引是一个关键字段之一;而对普通的表单来说,索引号可以当做序号。

为表添加索引的方法可以执行"添加列"→"索引列"命令,如图 6.1 所示。添加索引号可以是以下 3 种情况:
- 从 0。
- 从 1。
- 自定义。

图6.1 "索引列"命令

6.1.1 添加自然序号的索引列

自然序号的索引列可以从 0 开始,也可以从 1 开始。

案例6.1

图 6.2 是一个工资查询表,现要求为该表添加从 1 开始的索引列序号。

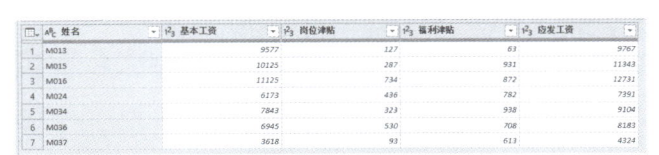

图6.2 工资查询表

执行"添加列"→"索引列"→"从 1"命令,系统就自动在表的右侧添加一个"索引"列,如图 6.3 所示。

图6.3 表右侧添加的"索引"列

索引号可以当成序号,将默认的列标题"索引"修改为"序号",并将此列调整到表格的最前面,如图 6.4 所示。

图6.4　索引列当作"序号"列

6.1.2　添加自定义序号的索引列

自定义序号的索引列,可以由用户来指定起始索引号以及索引号的增量。

例如,要添加"起始索引"为 101、"增量"为 3 的索引列,就执行"索引列"→"自定义"命令,打开"添加索引列"对话框,分别输入"起始索引"和"增量"的对应值,如图 6.5 所示,单击"确定"按钮,就得到如图 6.6 所示的索引列。

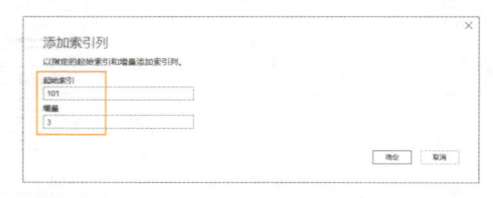

图6.5　"添加索引列"对话框

图6.6　以101开始、增量为3的索引列

6.2　添加自定义列

如果需要为表添加一些常规的自定义数据列,例如,在工资表中添加一个月份说明列,在销售表中根据已有的单价和销量添加一个销售额计算列,或者根据一个条件或多个条件来判断处理数据,此时就可以使用"自定义列"命令,如图 6.7 所示。

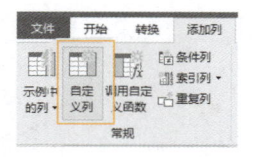

图6.7　"自定义列"命令

6.2.1　添加常数列

所谓常数列,就是在表中添加一个保存固定不变的数据列,这个数据可以是文本、日期或数字。一般来说,常数列更多地用于对表格数据的说明。

案例6.2

对如图6.2所示的工资查询表，添加一列，此列的作用是说明本工资表所属的月份是5月，其主要步骤如下。

步骤1 执行"添加列"→"自定义列"命令，打开"自定义列"对话框，如图6.8所示。

图6.8 "自定义列"对话框

步骤2 在"新列名"文本框中输入列名称"月份"，在"自定义列公式"文本框中输入"="5月""，如图6.9所示。当输入公式后，系统会自动检测语法错误，并在对话框左下角提醒用户。

="5月"

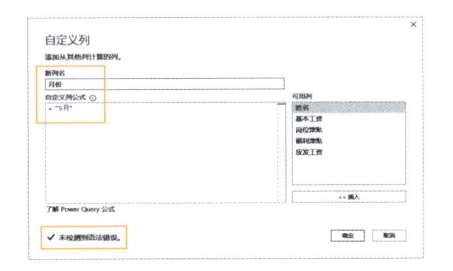

图6.9 在"自定义列"对话框中输入所需值

步骤3 单击"确定"按钮，得到如图6.10所示的结果。

图6.10 添加了新列"月份"后的表

6.2.2 添加简单计算列

案例6.3

图6.11是一个产品销售表，每个产品只有单价和销量，现在需要添加一个"销售额"列，销售额由单价和销量相乘得到。

图6.11 原始表中的每个产品只有单价和销量

步骤① 执行"添加列"→"自定义列"命令，打开"自定义列"对话框。

步骤② 在"新列名"文本框中输入"销售额"，在"自定义列公式"文本框中输入以下公式，如图 6.12 所示。

=[单价]*[销量]

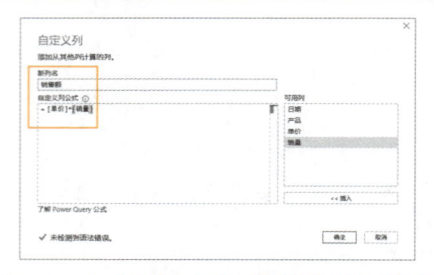

图6.12 在"自定义列"对话框中输入所需值

公式右侧的等号（=）是系统自带的，只需双击右侧"可用列"的某个列名，手动输入运算符即可。

需要注意的是，公式中的列名必须用方括号括起来。如果手动输入，则必须添加方括号；如果是在"可用列"中双击添加列名，方括号则会自动添加。

步骤③ 单击"确定"按钮，得到如图 6.13 所示的结果。

图6.13 添加的"销售额"列

添加的自定义列数据类型是"任意"，需要根据具体情况自行设置。例如，在本案例中，自定义列"销售额"数据类型需要设置为"小数"。

6.2.3 添加 M 函数公式计算列

案例6.4

可以使用 M 函数来创建更加灵活的计算公式。

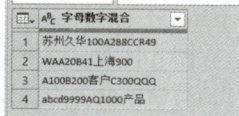

例如，图 6.14 所示是一个包含汉字、字母、数字等的混合字符串，现在要求提取出所有数字，并将数字组合成新的字符串。

图6.14 包含汉字、字母、数字的混合字符串

（1）首先为表添加自定义列，在"自定义列公式"文本框中输入以下公式，如图6.15所示。

= Text.Select([字母数字混合],{"0".."9"})

结果如图6.16所示。

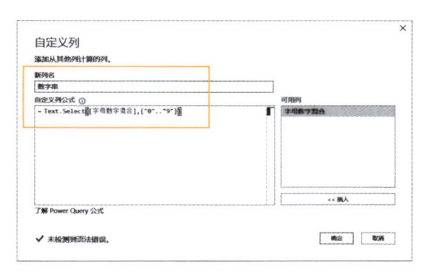

图6.15　输入提取数字的公式　　　　图6.16　提取出的数字字符串

（2）如果要把字符串中的所有字母提取出来，则在"自定义列公式"文本框中输入以下公式，如图6.17所示。

= Text.Select([字母数字混合],{"a".."z","A".."Z"})

结果如图6.18所示。

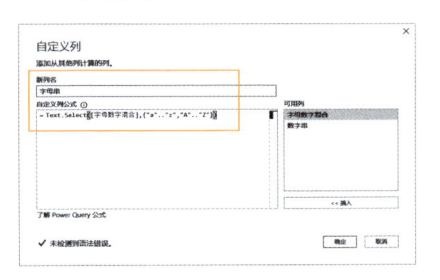

图6.17　输入提取字母的公式　　　　图6.18　提取出的字母字符串

（3）如果要把字符串中的所有汉字提取出来，则在"自定义列公式"文本框中输入以下公式，如图6.19所示。

Text.Remove([字母数字混合],{"0".."9","a".."z","A".."Z"})

结果如图6.20所示。

图6.19　输入提取汉字的公式　　　　图6.20　提取出的汉字字符串

说明：在上述公式中，数组 {"0".."9"} 表示所有的数字，数组 {"a".."z","A".."Z"} 表示所有的小写字母和大写字母，数组 {"0".."9","a".."z","A".."Z"} 表示所有的数字、所有的小写字母和大写字母。

6.3 添加条件列

如果要根据指定的条件，对其他列数据进行判断，从而得到满足不同条件的结果，生成一个新列，那么就可以使用"条件列"命令，如图6.21所示。单击此命令，就会打开"添加条件列"对话框，如图6.22所示。

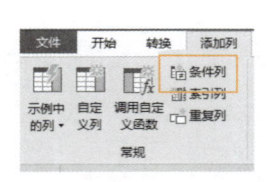

图6.21 "条件列"命令

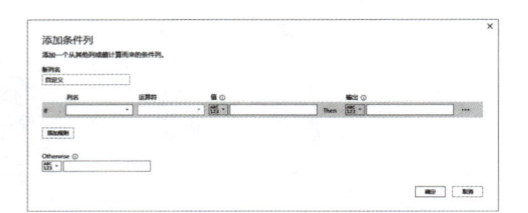

图6.22 "添加条件列"对话框

6.3.1 添加条件列：结果是具体值

在如图6.22所示的"添加条件列"对话框中，很容易来设置各种条件。下面举例说明。

案例6.5

例如，图6.23是一个业务员销售额工作表，现要求计算每个业务员的提成比例及提成金额，提成比例标准如下：

- 销售额 <100 元，提成比例 1%。
- 销售额 100（含）～ 500 元，提成比例 3%。
- 销售额 500（含）～ 1000 元，提成比例 5%。
- 销售额 1000（含）～ 5000 元，提成比例 9%。
- 销售额 5000（含）～ 10000 元，提成比例 15%。
- 销售额 ≥ 10000 元，提成比例 23%。

图6.23 业务员销售额数据

这是一个典型的条件判断问题，在 Excel 中可以使用嵌套 IF 函数公式完成。而在 Power Query 中，可以通过"添加条件列"对话框完成。下面是具体的操作步骤。

步骤1 执行"添加列"→"条件列"命令，打开"添加条件列"对话框。

步骤2 在"新列名"文本框中输入"提成比例"。

步骤3 在"列名"下拉列表中选择"销售额"，在"运算符"下拉列表中选择"小于"，在"值"文本框中输入第一个条件值100，在"输出"文本框中输入0.01，如图6.24所示。

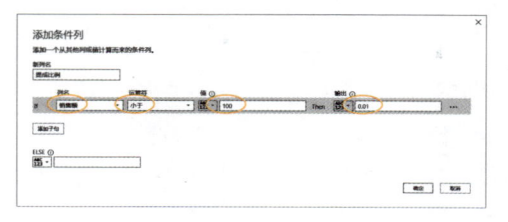

图6.24 设置第一个条件

步骤 4 单击"添加子句"按钮,新增第二个条件,输入 Else If,第二个条件设置如图 6.25 所示。

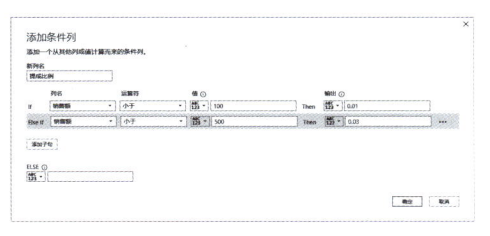

图6.25 设置第二个条件

步骤 5 以此类推,设置其他条件,设置完的对话框如图 6.26 所示。

步骤 6 单击"确定"按钮,就得到一个新列"提成比例",如图 6.27 所示。

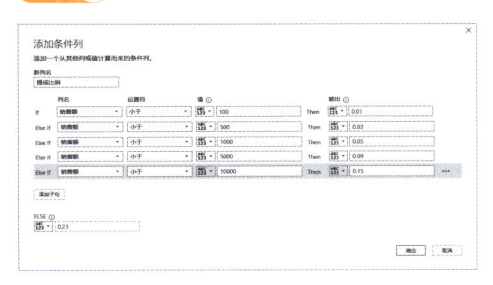

图6.26 设置完所有条件的对话框

图6.27 添加的新列"提成比例"

步骤 7 执行"添加列"→"自定义列"命令,打开"自定义列"对话框,在"新列名"文本框中输入"提成金额",在"自定义列公式"文本框中输入以下公式,输入完成的对话框如图 6.28 所示。

= [销售额]*[提成比例]

步骤 8 单击"确定"按钮,即可得到每个业务员的提成比例和提成金额,如图 6.29 所示。

图6.28 设置"新列名"和"自定义列公式"

图6.29 每个业务员的提成比例和提成金额

6.3.2 添加条件列:结果是某列值

案例 6.5 使用了条件语句来进行判断,得到满足不同条件的结果,该结果是一个具体的固定数值。

在"添加条件列"对话框中,无论是"值"还是"输出"选项,不仅可以设置一个具体的值,还可以设置成指定某列的值,"值"和"输出"的设置分别如图 6.30 和图 6.31 所示,这样就可以来解决更加复杂的数据处理。

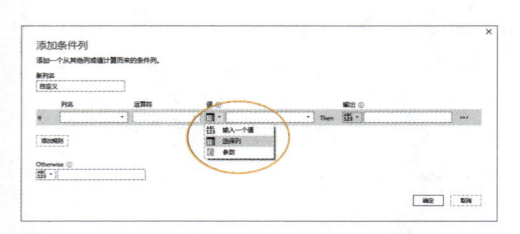

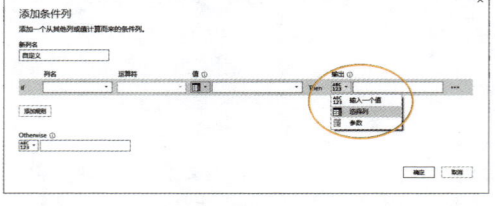

图6.30 "值"可以是一个值、某列或参数　　图6.31 "输出"可以是一个值、某列或参数

案例6.6

图6.32是一个客户价格及等级信息表，该表保存了客户的去年价格和今年的最新等级。现在要根据等级设置最新价格：等级为A的客户价格与去年相同，等级为B的客户价格统一调整为1000。请为该表插入一列，确定每个客户的最新价格。

客户	去年价格	客户等级
A01	794	A
A02	456	B
A03	483	B
A04	724	A
A05	680	A
A06	600	B
A07	640	B
A08	572	A
A09	541	A
A10	461	B
A11	631	B

图6.32 客户价格及等级信息表

步骤1 执行"添加列"→"条件列"命令，打开"添加条件列"对话框。

步骤2 在"新列名"文本框中输入"最新价格"。

步骤3 在"列名"下拉列表中选择"客户等级"。

步骤4 在"运算符"下拉列表中选择"等于"。

步骤5 在"值"文本框中输入字母A。

步骤6 单击"输出"字样下的 ABC 123 ▼ 按钮的下拉箭头，在展开的下拉列表中选择"选择列"，然后从右侧的下拉列表中选择"去年价格"。

步骤7 在Otherwise文本框中输入1000。

最后设置好的对话框如图6.33所示。

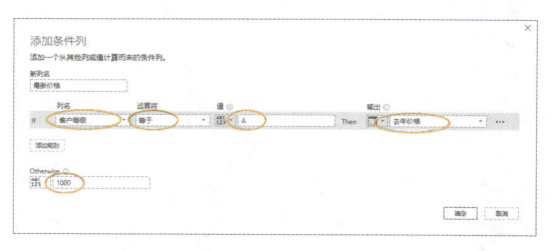

图6.33 设置条件列的各个条件

步骤8 单击"确定"按钮，即可得到如图6.34所示的结果。

图6.34 添加的条件列"最新价格"

6.3.3 删除某个条件

删除某个条件的方法：单击某个条件最右侧的按钮 …，展开一个下拉菜单，从这个菜单选项中单击"删除"命令即可，如图6.35所示。

6.3.4 改变各个条件的前后次序

也可以根据实际情况来调整已经设置好的各个条件的次序。方法也很简单，选择某个条件，单击最右侧的按钮 …，在展开的下拉菜单中执行"上移"或"下移"命令即可，如图6.35所示。

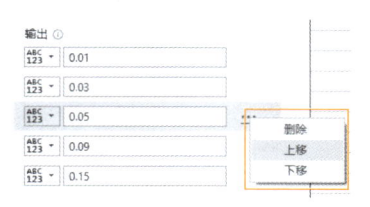

图6.35 条件最右侧的下拉菜单选项

6.4 条件语句 if then else

在添加条件列时，本质上是使用了 if then else 语句，下面简单介绍一下 if then else 语句的基本语法结构和应用案例。

6.4.1 if then else 的基本语法结构

if then else 语句的基本语法结构如下：

if 条件1 then 值1 else if 条件2 then 值2 … else 值n

更直观的结构如下：

if 条件1 then
…值1
else if 条件2 then
…值2
…
else
…值n

这个语句的特点如下：
- if、then 和 else 必须全部小写。
- 可以使用 and 或 or 来连接多个条件，and 和 or 都必须小写。
- and 表示"与"条件，也就是几个条件必须都满足。
- or 表示"或"条件，也就是几个条件只要有一个满足即可。

使用 and 和 or 连接条件 1 和条件 2 的语句如下：

  if 条件1 and 条件2 then 值1 else 值2
  if 条件1 or 条件2 then 值1 else 值2

6.4.2 应用举例

案例6.7

图 6.36 是一个员工工龄职级津贴表，现在要根据员工的职级和工龄计算每个人今年的新津贴，标准如下：满足工龄在 10 年以上，并且职级为 A 的员工，其新津贴提高到 800，否则与去年津贴相同。

步骤 1 执行"添加列"→"自定义列"命令，打开"自定义列"对话框。

步骤 2 在"新列名"文本框中输入"新津贴"，在"自定义列公式"文本框中输入以下公式，设置后的"自定义列"对话框如图 6.37 所示。

  = if [工龄]>10 and [职级]="A" then 800 else [去年津贴]

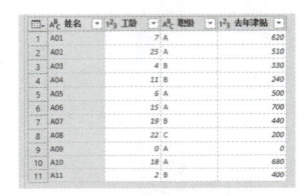

图6.36　员工工龄职级津贴表　　　　图6.37　"自定义列"对话框

步骤 3 单击"确定"按钮，就得到一个新列"新津贴"，如图 6.38 所示。

图6.38　得到的新列"新津贴"

案例6.8

图 6.39 是一个员工基础数据表，现在要根据员工的基本信息计算各个员工的津贴，标准如下：

（1）如果职位是"经理"，同时职级是 A，则津贴为 500 元，否则津贴为 200 元。

（2）如果职位是"主管"，同时职级是 B，则津贴为 300 元，否则津贴为 100 元。

（3）其他情况的津贴都是 0 元。

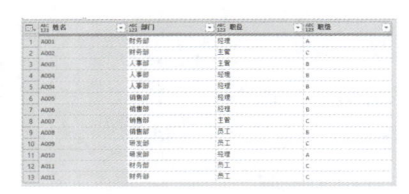

图6.39　员工基础数据

步骤 1　执行"添加列"→"自定义列"命令，打开"自定义列"对话框。
步骤 2　在"新列名"文本框中输入"津贴"。
步骤 3　在"自定义列公式"文本框中输入以下公式：

```
= if [职位]="经理" and [职级]="A" then 500
  else if [职位]="经理" and [职级]<>"A" then 200
  else if [职位]="主管" and [职级]="B" then 300
  else if [职位]="主管" and [职级]<>"B" then 100
  else 0
```

设置完成的对话框如图 6.40 所示。

步骤 4　单击"确定"按钮，即可得到如图 6.41 所示的结果。

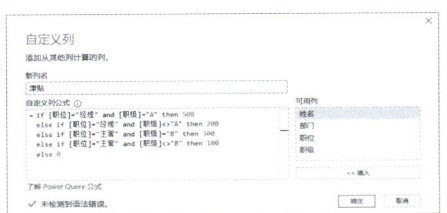

图6.40　设置完成的"自定义列"对话框

图6.41　添加的自定义列"津贴"

案例6.9

图 6.42 是一个员工基本信息表，现在要求根据员工基本信息计算每个员工的工龄工资，计算标准如下：

（1）不满 1 年，0 元。
（2）满 1 年不满 5 年，100 元。
（3）满 5 年不满 10 年，500 元。
（4）满 10 年不满 20 年，1000 元。
（5）满 20 年以上，2000 元。

图6.42　员工基本信息

步骤 1　选择"入职日期"列，执行"添加列"→"日期"→"年限"命令，即可计算出当前日期与入职日期之间的天数差，同时新增"年限"列，如图 6.43 所示。

图6.43　计算当前日期与入职日期之间的天数差

步骤 2 选择"年限"列，执行"转换"→"持续时间"→"总年数"命令，将"年限"列的天数字转换为年数字，如图6.44所示。

图6.44 将"年限"列的天数字转换为年数字

步骤 3 选择"年限"列，将其数据类型设置为"整数"，得到每个员工的工龄数字，然后将标题重命名为"工龄"，如图6.45所示。

图6.45 得到每个员工的工龄

步骤 4 执行"添加列"→"自定义列"命令，打开"自定义列"对话框。在"新列名"文本框中输入"工龄工资"，在"自定义列公式"文本框中输入以下公式，如图6.46所示。

```
= if [工龄]<1 then 0
  else if [工龄] <5 then 100
  else if [工龄]<10 then 500
  else if [工龄]<20 then 1000
  else 2000
```

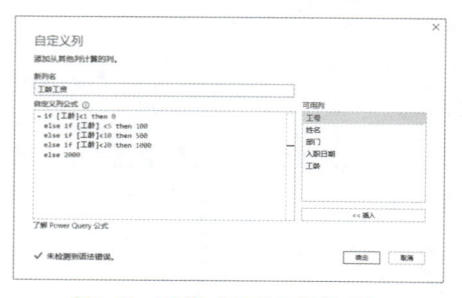

图6.46 设置"自定义列公式"

步骤 5 单击"确定"按钮，就得到如图6.47所示的员工工龄以及工龄工资。

图6.47 计算的工龄和工龄工资

第 7 章 转换表结构

当表的结构不能满足数据分析的要求时,可以尝试把表结构转换一下。

例如,很多人习惯制作二维表格,殊不知这种结构的表格会限制数据分析,如果要从各个角度灵活分析数据,则需要把二维表格转换为一维表格。

本章介绍了几个转换表格结构的案例,以期给用户的数据处理工作提供思路和启发。

7.1 列转换

列转换包括一列变多列(拆分列)和多列变一列(合并列),前者可以使用"拆分列"工具或"自定义列"方法完成,后者可以使用"合并列"工具完成。

7.1.1 一列变多列

一列变多列的实质是拆分列或提取字符,可以根据实际情况,采用最高效的方法对列进行处理。拆分列内容在第 3 章已详细介绍过,下面再结合一个实际案例,复习巩固学到的知识和技能。

案例7.1

图 7.1 的 A 列是物料资料,要求将其拆分成"物料编码""物料名称"和"类别"3 列。其中,物料编码由数字和句点组成,物料名称是汉字,类别是斜杠后的文本字符。

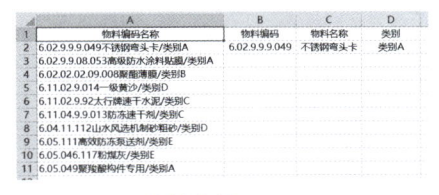

图7.1 物料资料

步骤 1 对 A 列数据建立查询,如图 7.2 所示。

图7.2 建立查询

步骤 ② 选择A列数据，执行"添加列"→"自定义列"命令，打开"自定义列"对话框，在"新列名"文本框中输入"物料编码"，在"自定义列公式"文本框中输入以下公式，如图7.3所示。这样就得到了"物料编码"列，如图7.4所示。

```
= Text.Select([物料编码名称],{"0".."9","."})
```

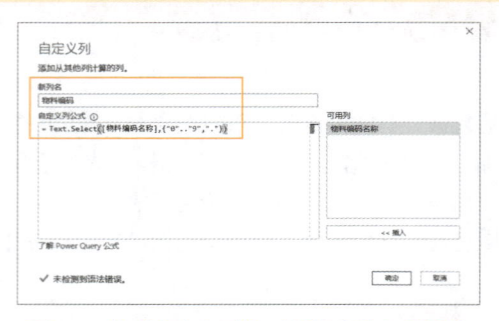

图7.3　在"自定义列"对话框中输入所需值

图7.4　提取出的"物料编码"列

步骤 ③ 再添加一个"自定义"列，并在"自定义列公式"文本框中输入以下公式，如图7.5所示。获取剔除"物料编码"后的数据，结果如图7.6所示。

```
= Text.Replace([物料编码名称],[物料编码],"")
```

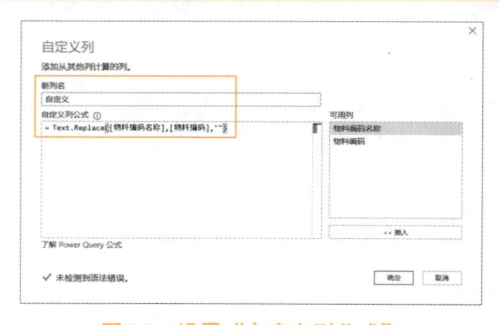

图7.5　设置"自定义列公式"

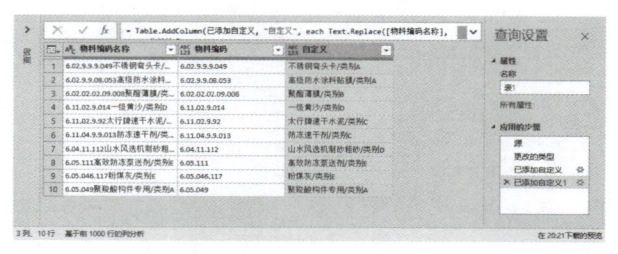

图7.6　剔除"物料编码"后的"自定义"列

步骤 4 选择"自定义"列，使用分隔符"/"将其拆分成两列，得到物料名称和类别，如图7.7所示。

图7.7 拆分出物料名称和类别

步骤 5 分别修改列标题为"物料名称"和"类别"，如图7.8所示。

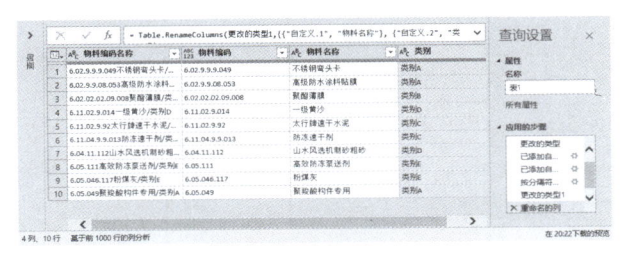

图7.8 最终结果

步骤 6 将数据导出到 Excel 工作表，如图7.9所示。

图7.9 导出数据

在本案例中，使用了 M 函数 Text.Select 添加自定义列来提取物料编码，使用了 M 函数 Text.Replace 添加自定义列替换指定字符，使用了拆分列（按分隔符）工具拆分物料名称和类别。

7.1.2 多列变一列

多列变一列可以使用"合并列"工具来完成。例如，前面介绍的年月日合并。在实际工作中，可以根据具体的问题采用合适的方法。

案例7.2

图 7.10 是一个示例数据，现在要求将左侧的 6 列数据整理为右侧的 3 列数据。

步骤 1 建立查询，如图 7.11 所示。

图7.10　示例数据及要求的结果

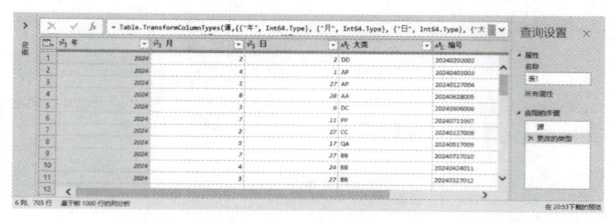

图7.11　建立查询

步骤2　选择左侧的"年""月""日"3列，执行"转换"→"合并列"命令，打开"合并列"对话框，如图7.12所示。使用分隔符"-"将这3列数据合并为一列，合并生成的文本型日期如图7.13所示。

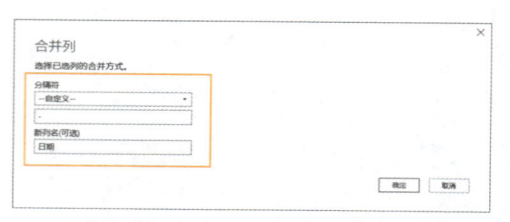

图7.12　合并"年""月""日"3列

图7.13　合并生成的文本型日期

步骤3　把这列的数据类型设置为"日期"，转换为真正的数值型日期，如图7.14所示。

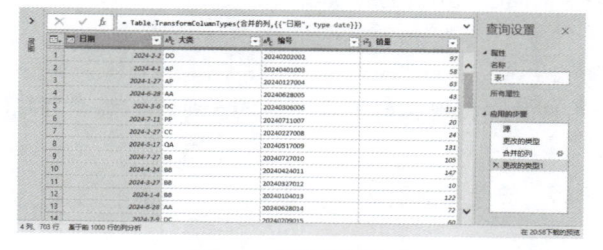

图7.14　设置数据类型

步骤 ④ 选择"大类"和"编号"两列，执行"转换"→"合并列"命令，打开"合并列"对话框，如图7.15所示。使用分隔符"–"将这两列数据合并为一列，合并生成的编码如图7.16所示。

图7.15 合并"大类"和"编号"两列

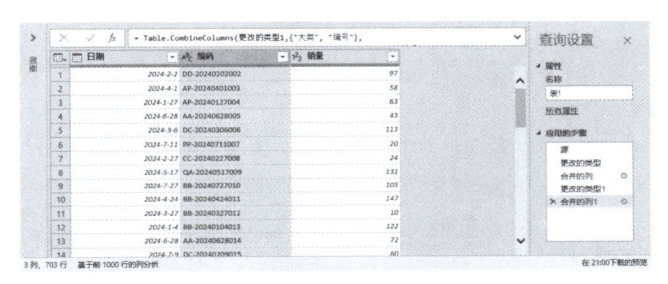

图7.16 合并生成的编码

步骤 ⑤ 将数据导出到Excel工作表，如图7.17所示。

图7.17 导出整理后的表

7.1.3 综合应用案例：复杂的数据拆分

在实际数据处理中，常常需要联合使用各种工具，才能得到需要的结果。下面介绍一个综合应用案例。

案例7.3

在图7.18的示例数据中，A列包含多项信息，现在要求将左侧的A列数据拆分成右侧的4列数据。

扫码看视频

图7.18 示例数据

步骤 1 建立查询，如图 7.19 所示。

图7.19　建立查询

步骤 2 选择 A 列，执行"转换"→"拆分列"→"按照从非数字到数字的转换"命令，将其进行拆分，结果如图 7.20 所示。

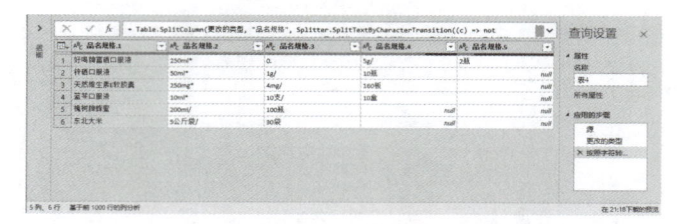

图7.20　按照从非数字到数字的转换进行拆分

步骤 3 选择第二列后面的所有列，执行"转换"→"合并列"命令，将它们合并为一列，注意不使用分隔符，如图 7.21 所示。

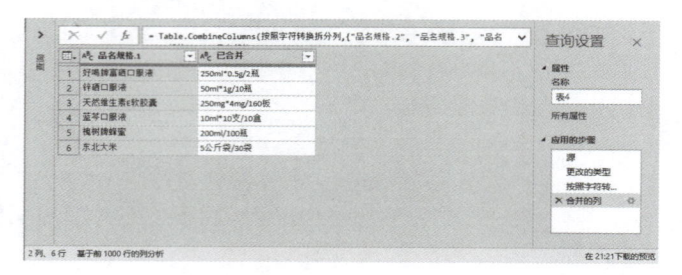

图7.21　合并列

步骤 4 选择该合并列，执行"转换"→"拆分列"→"按分隔符"命令，使用分隔符"/"将其进行拆分，如图 7.22 所示。

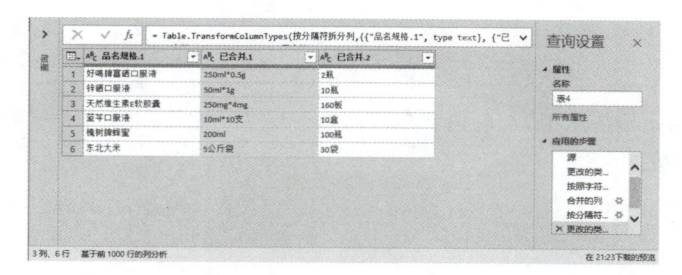

图7.22　按分隔符"/"拆分列

步骤 5 选择最右侧的一列，执行"转换"→"拆分列"→"按照从数字到非数字的转换"命令，将其拆分为数量和单位两列，如图7.23所示。

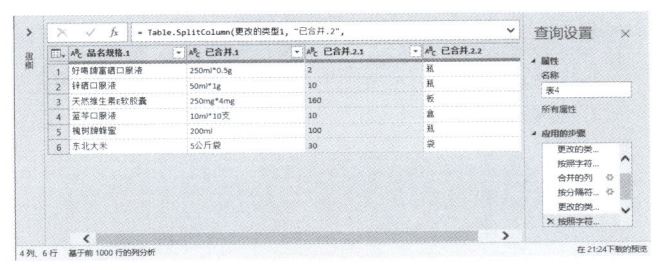

图7.23 拆分出数量和单位

步骤 6 修改各列标题，将"数量"列的数据类型设置为"整数"。完成的数据分列如图7.24所示。

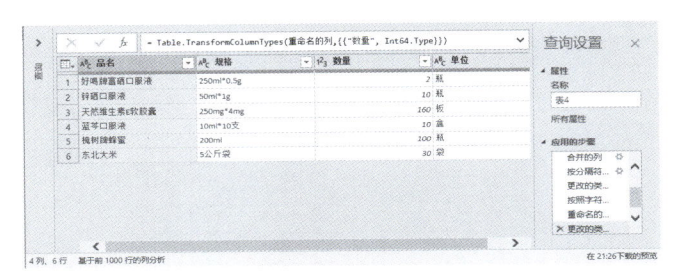

图7.24 完成的数据分列

步骤 7 将数据导出到Excel工作表。

7.2 行转换

很多表格的数据极不规范，多数是Word思维的表格。这时，就需要将这样的表格进行整理加工，变为数据表单。下面介绍几个常见的实际问题及其解决方法。

7.2.1 一行变多行：拆分列方法

案例7.4

图7.25是某项目费用一览表。其中，"摘要"列的一个单元格记录了多个项目和金额，现在要求将"日期"和"摘要"列转换为右侧的3列数据。

扫码看视频

图7.25 某项目费用一览表

步骤 1 建立查询，如图7.26所示。

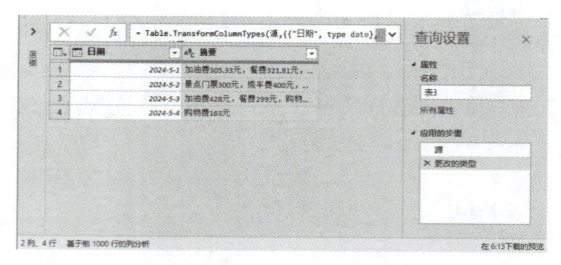

图7.26 建立查询

步骤 2 选择第二列，执行"转换"→"拆分列"→"按分隔符"命令，打开"按分隔符拆分列"对话框，如图7.27所示。将该列使用中文逗号拆分为行，结果如图7.28所示。

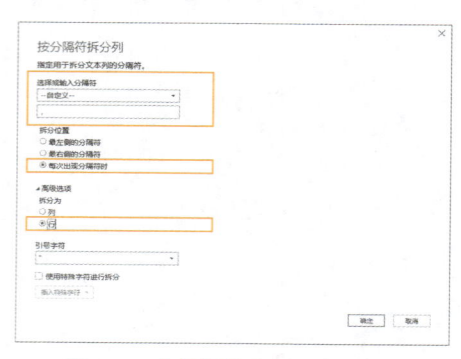

图7.27 将数据按分隔符拆分成行

图7.28 拆分结果

步骤 3 选择第二列，执行"转换"→"拆分列"→"按照从非数字到数字的转换"命令，将该列进行拆分，得到项目名称，结果如图7.29所示。

图7.29 按照从非数字到数字的转换进行拆分的结果

步骤 4 选择右侧两列，右击，在弹出的快捷菜单中选择"合并列"命令，将两列合并（不使用分隔符），如图7.30所示。

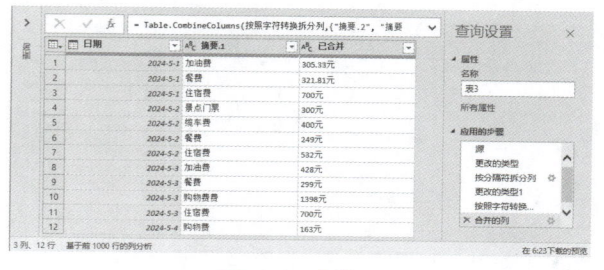

图7.30 合并列

步骤 5 选择第三列，右击，在弹出的快捷菜单中选择"替换值"命令，将"元"替换掉，然后将该列数据类型设置为"小数"，就得到金额数字，如图 7.31 所示。

图7.31 得到金额数字

步骤 6 修改各列标题，完成数据整理，如图 7.32 所示。

图7.32 修改各列标题

步骤 7 将数据导出到 Excel 工作表，就得到需要的表格。

7.2.2 多行变一行：索引列 + 透视方法

多行变一行的方法比较多，在实践中，可以根据具体情况选择合适的方法。

案例7.5

为了便于阅读，很多人习惯在一个单元格内保存各种数据，如把一天的数据保存在一个单元格中。图 7.33 是一个示例数据，现在要求将左侧的 3 列数据转换为右侧的一天一行的表格。

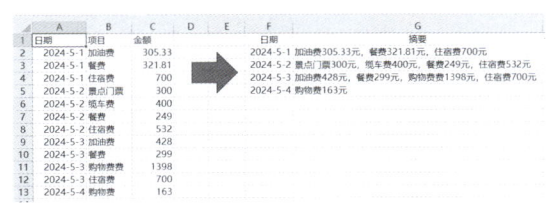

图7.33 示例数据

步骤 1 建立查询，如图 7.34 所示。

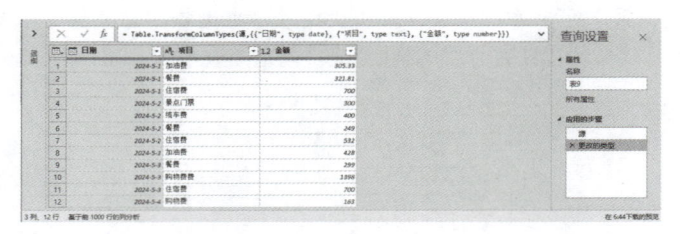

图7.34　建立查询

步骤 2　选择右侧两列，将其进行合并（不使用分隔符），然后再添加后缀"元"，如图7.35所示。

图7.35　合并列并添加后缀"元"

步骤 3　添加一个索引列，如图7.36所示。

图7.36　添加索引列

步骤 4　选择索引列，执行"转换"→"透视列"命令，如图7.37所示。

打开"透视列"对话框，如图7.38所示，然后，进行以下设置。

（1）在"值列"下拉列表中选择"已合并"。

（2）单击"高级选项"，展开对话框，在"聚合值函数"下拉列表中选择"不要聚合"。

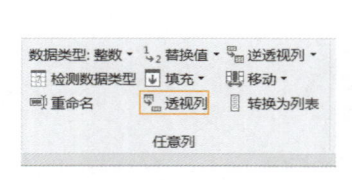

图7.37　"透视列"命令

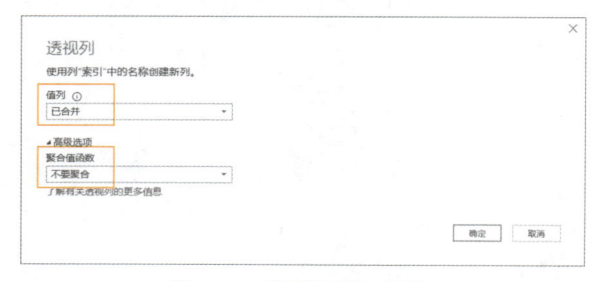

图7.38　"透视列"对话框

（3）单击"确定"按钮，就得到如图7.39所示的结果。可见，每个日期下的项目都归拢到了该日期的同一行（尽管列的位置不一样）。

图7.39　透视列结果

步骤 5 选择"日期"列右侧的所有列，执行"转换"→"合并列"命令，打开"合并列"对话框，在"分隔符"下拉列表中选择"空格"，在"新列名（可选）"文本框中输入"项目"，如图7.40所示。

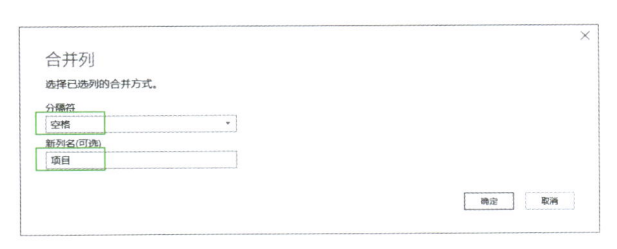

图7.40　设置"合并列"对话框

步骤 6 单击"确定"按钮，就得到如图7.41所示的结果，每个日期的所有项目及金额保存到了一个单元格。

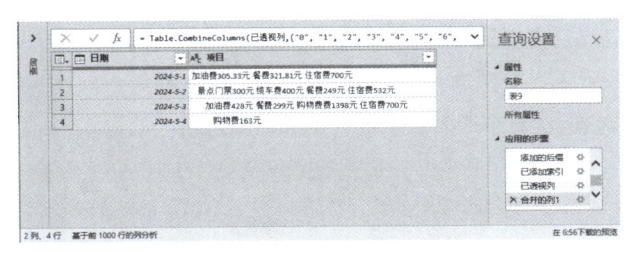

图7.41　合并列后所有项目及金额保存到了一个单元格

但是，在每个合并的数据中，各个项目之间有一个空格，单元格前后也有空格，因此需要将每个单元格字符前后的空格清除。

步骤 7 选择"项目"列，执行"转换"→"格式"→"修整"命令，即可得到前后没有空格的字符串（但中间各个项目之间的空格仍然存在），如图7.42所示。

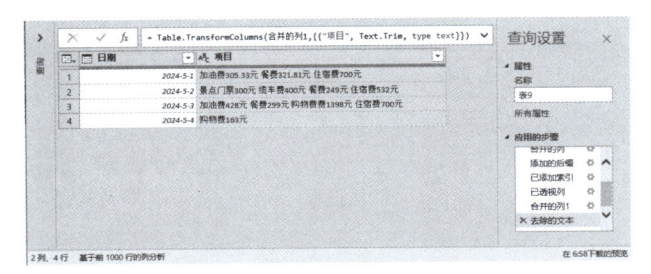

图7.42　清除字符串前后的空格

第 7 章　转换表结构

步骤 8 选择"项目"列,执行"转换"→"替换值"命令,打开"替换值"对话框,将字符中的空格替换为中文逗号,如图 7.43 所示。

步骤 9 将数据导出到 Excel 工作表,完成数据整理工作。

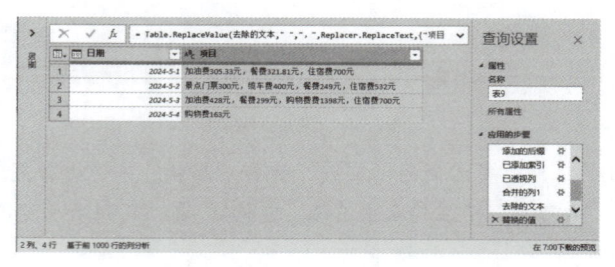

图7.43 空格替换为中文逗号

提问:如果还要得到每天的合计金额,如图 7.44 所示,那么如何继续整理表格呢?此时,需要使用合并查询工具。合并查询工具将在第 9 章进行介绍。

图7.44 需要计算合计金额

7.2.3 多行变一行:获取最低价格和最高价格

案例7.6

图 7.45 是一个产品价格示例数据,现在要求从左侧 3 列数据中,整理出如图 7.45 右侧所示每个产品的最低价格和最高价格。

图7.45 产品价格示例数据

此时,可以使用 Power Query 的分组计算工具来解决,主要步骤如下。

步骤 1 建立查询,如图 7.46 所示。

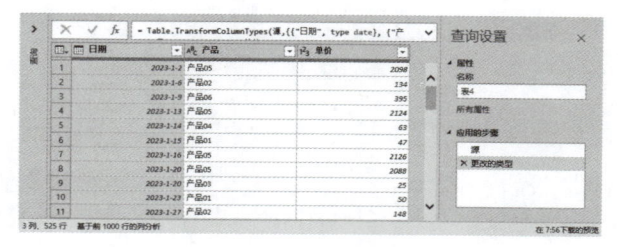

图7.46 建立查询

步骤 2 执行"主页"→"分组依据"命令，如图7.47所示。

步骤 3 打开"分组依据"对话框，如图7.48①所示，做以下设置。

（1）选中"高级"单选按钮。

（2）在字段下拉列表中选择"产品"。

（3）在"新列名"文本框中输入"最低价格"，在"操作"下拉列表中选择"最小值"，在"值"下拉列表中选择"单价"。

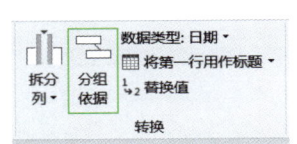

图7.47 "分组依据"命令　　　　图7.48 "分组依据"对话框

步骤 4 单击"添加聚合"按钮，添加一个聚合，在"新列名"文本框中输入"最高价格"，在"操作"下拉列表中选择"最大值"，在"值"下拉列表中选择"单价"，如图7.49所示。

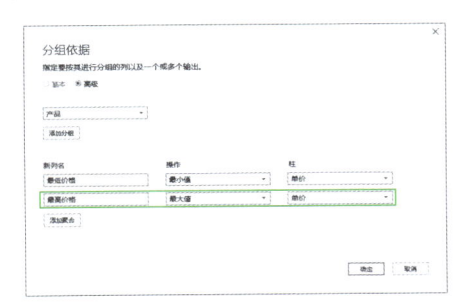

图7.49 添加聚合并设置相关选项

步骤 5 单击"确定"按钮，得到如图7.50所示的各个产品的最低价格和最高价格。

图7.50 各个产品的最低价格和最高价格

步骤 6 将数据导出到Excel工作表，完成数据整理。

7.3　二维表与一维表转换

在实际数据处理中，经常需要将二维表与一维表进行相互转换，这样的处理可以使用逆透视列或透视列工具来完成。

---

① 编者注：该图中的"柱"为软件错误，应为"值"。正文中均使用"值"，图片中保持不变，余同。

7.3.1 二维表转换为一维表：单列文本

二维表本质上就是报告格式结构表格，其阅读体验比较好。但是，对于数据分析来说，就不见得是一种好结构了，因此一般需要对二维表进行转换。

将二维表转换为一维表的常用工具是"逆透视列"命令。"逆透视列"命令可以通过执行"转换"→"逆透视列"命令；或右击，在弹出的快捷菜单中选择"逆透视列"命令两种方式，分别如图 7.51 和图 7.52 所示。

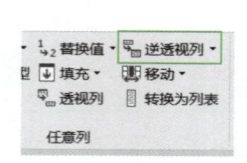

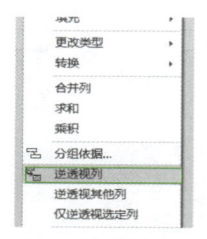

图7.51 "转换"→"逆透视列"命令

图7.52 右击快捷菜单中的"逆透视列"命令

案例7.7

图 7.53 是一个典型的二维表，现在要把这个二维表转换为如图 7.54 所示的一维表。

图7.53 典型的二维表

图7.54 需要得到的一维表

此时，可以使用"逆透视列"命令，即选择图 7.53 中的 1—12 月共 12 列，执行"转换"→"逆透视列"命令；或右击，在弹出的快捷菜单中选择"逆透视列"命令。

也可以仅选择"部门"列，执行"转换"→"逆透视其他列"命令；或右击，在弹出的快捷菜单中选择"逆透视其他列"命令。

通过以上两种方法都可得到一维表，最后再修改列标题即可。详细操作步骤请观看视频。

7.3.2 二维表转换为一维表：多列文本

如果表格左侧有多列文本，也可以使用逆透视列工具将二维表快速转换为一维表，下面举例说明。

案例7.8

图 7.55 是一张最左侧有两列文本的准二维表，可以将其转换为如图 7.56 所示的一维表。

选择要逆透视的各个月份列，即 1—12 月共 12 列，执行"逆透视列"命令；或者选择最左边两列，执行"逆透视其他列"命令。详细操作步骤请观看视频。

图7.55　最左侧有两列文本的准二维表

图7.56　转换后的一维表

7.3.3　一维表转换为二维表：透视列方法

一维表转换为二维表，实质上是透视列和分组计算。数据的维度不同，要查看的项目不同，采取的方法也不同。

案例7.9

图 7.57 是一张一维表，现在要将其转换为按月份横向排列汇总的二维表，如图 7.58 所示。

图7.57　一维表

图7.58　按月份横向排列汇总的二维表

步骤 ①　要按月份横向排列，此时选择"月份"列。

步骤 ②　执行"转换"→"透视列"命令，如图 7.59 所示；打开"透视列"对话框，在"值列"下拉列表中选择"金额"；再单击"高级选项"，展开对话框，在"聚合值函数"下拉列表中选择"求和"，如图 7.60 所示。

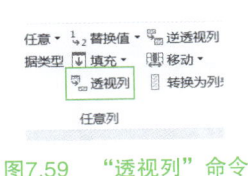

图7.59　"透视列"命令

图7.60　"透视列"对话框

步骤 3 单击"确定"按钮，就得到需要的二维表。

7.3.4　一维表转换为二维表：分组 + 透视列方法

某些情况下，需要先对一维表进行基本分组汇总计算，然后再进行透视列操作，得到一个简约的二维表，下面举例说明。

案例7.10

图 7.61 是一张销售流水表，现在要求制作每个产品在每个月份的销售额的二维汇总表，如图 7.62 所示。

图7.61　销售流水表

图7.62　每个产品在每个月份的二维汇总表

步骤 1 选择"日期"列，执行"添加列"→"日期"→"月"→"月份名称"命令，如图 7.63 所示，为表添加一个"月份名称"列，如图 7.64 所示。

图7.63　"月份名称"命令

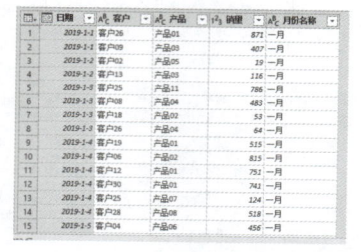

图7.64　添加"月份名称"列

步骤 2 执行"主页"→"分组依据"命令，打开"分组依据"对话框，设置如图 7.65 所示。

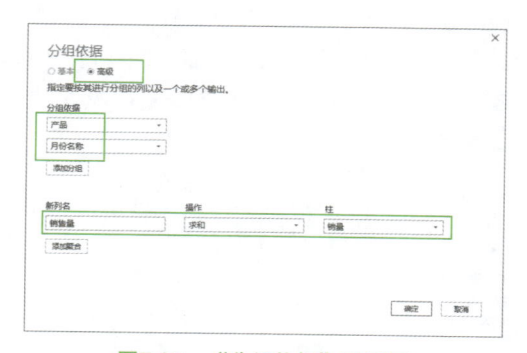

图7.65　"分组依据"对话框

（1）选中"高级"单选按钮。
（2）添加两个分组依据，分别是"产品"和"月份名称"。
（3）在"新列名"文本框中输入"销售量"，在"操作"下拉列表中选择"求和"，在"值"下拉列表中选择"销量"。

步骤 3 单击"确定"按钮，就得到按照"产品"和"月份名称"进行分组的汇总表，如图 7.66 所示。

步骤 4 选择"月份名称"列，执行"转换"→"透视列"命令，打开"透视列"对话框，在"值列"下拉列表中选择"销售量"，如图 7.67 所示。

图7.66 按"产品"和"月份名称"分组的汇总表

图7.67 对"月份名称"进行透视列

步骤 5 单击"确定"按钮，就得到需要的按产品和月份分类的二维汇总表。

7.4 表格结构转换综合案例

前面小节介绍了表结构转换的基本技能技巧和实际案例，下面再介绍两个与表结构转换相关的综合案例。

7.4.1 综合练习1：连续发票号码的展开处理

案例7.11

图 7.68 是一个发票号原始记录表，连续的发票号的末尾两位数字用分隔符"-"连接，保存在一个单元格中。

例如，第一行的 2148532-37 表示是 6 张连号的发票号，分别为 2148532、2148533、2148534、2148535、2148536、2148537；第四行 4299489 则表示只有一个号码，即 4299489。

现在要把这张表的发票号分行保存成如图 7.69 所示的形式。

图7.68 发票号原始记录表

图7.69 整理后的完整发票号码表

步骤 1 选择"发票号"列，执行"转换"→"拆分列"→"按分隔符"命令，打开"按分隔符拆分列"对话框，选择"--自定义--"，并输入 –，如图 7.70 所示。

步骤 2 单击"确定"按钮，就将发票号拆分成如图 7.71 所示的结果。

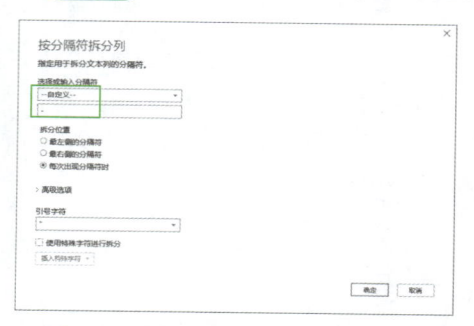

图7.70　选择"--自定义--"并输入–

图7.71　发票号被拆分

步骤 3 选择"发票号.1"列，执行"添加列"→"提取"→"首字符"命令，如图 7.72 所示。打开"插入首字符"对话框，在"计数"文本框中输入数字 5，如图 7.73 所示。这一步操作的目的是要取出发票号的数根（本案例中，发票号数根是左侧的 5 位数字）。

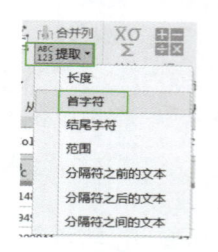

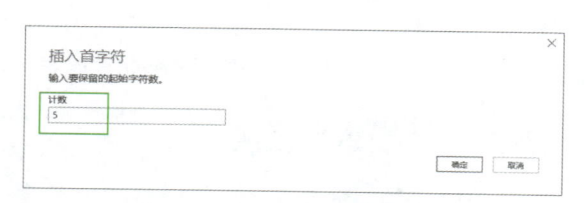

图7.72　"首字符"命令

图7.73　"插入首字符"对话框

步骤 4 单击"确定"按钮，就得到如图 7.74 所示的结果。

图7.74　取出发票号的左侧5位数字

步骤 5 将"首字符"列调整到"发票号.2"列的前面，如图 7.75 所示。

图7.75　将"首字符"列调整到"发票号.2"列的前面

步骤 6 选择"首字符"列和"发票号.2"列，执行"添加列"→"合并列"命令，将其合并为一列（不要分隔符），得到发票号的数根与末数合并后的新列，如图 7.76 所示。

图7.76 合并得到的发票末号

当发票号是连续几个号时,这个合并得到的发票末号是正确的,但当发票仅仅是一张时,合并结果就不对了。因此,需要对数据进行判断,得到正确的数据。

步骤 7 执行"添加列"→"条件列"命令,打开"添加条件列"对话框,做以下设置,如图 7.77 所示。

(1)"新列名"默认为"自定义"。
(2)在 IF 下的"列名"下拉列表中选择"发票号 .2"。
(3)在"运算符"中选择"等于"。
(4)在"值"文本框中输入字符 null。
(5)在输出下拉列表中选择"选择列"项目,然后从右侧的下拉列表中选择"发票号 .1"。
(6)在 Qtherwise 文本框中选择"选择列"项目,然后从下拉列表中选择"已合并"。

这个条件语句的基本原理是:如果"发票号 .2"等于 null,那么就取"发票号 .1"列数据,否则就取"已合并"数据。

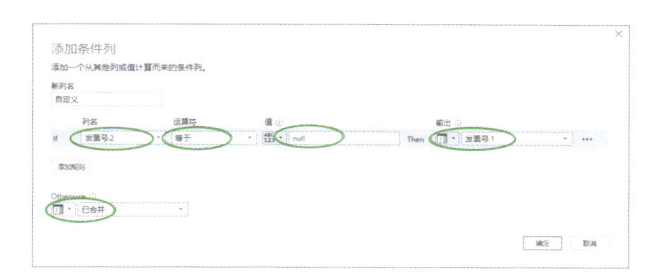

图7.77 设置好的条件列项目

步骤 8 单击"确定"按钮,就得到如图 7.78 所示的结果。自定义列就是获得的发票号末号(某组号码的最后一个发票号码)。

图7.78 得到一个自定义列

步骤 9 选择"发票号 .1"列和"自定义"列,将它们的数据类型设置为"整数",如图 7.79 所示。

图7.79 设置"发票号.1"和"自定义"列的数据类型为"整数"

步骤⑩ 将"发票号.1"列标题修改为"首号",将"自定义"列标题修改为"末号",如图7.80所示。

图7.80 修改列标题名称

步骤⑪ 保留"日期""首号"和"末号"3列数据,删除其他列,如图7.81所示。

图7.81 删除其他列后的表

步骤⑫ 执行"添加列"→"自定义列"命令,打开"自定义列"对话框,在"新列名"文本框中输入"号码",再输入以下自定义公式,如图7.82所示。

= {[首号]..[末号]}

这个公式中,两个句点".."表示要生成首号和末号之间的连续号码。

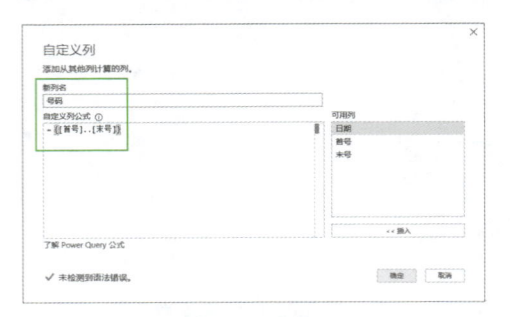

图7.82 添加自定义列

步骤⑬ 单击"确定"按钮,就得到了一个"号码"列,如图7.83所示。这个列的数据为List,也就是说,这个结果并不是一个数,而是一个列表。

步骤⑭ 单击"号码"列标题右侧的展开按钮,弹开一个下拉菜单,执行"扩展到新行"命令,如图7.84所示。

图7.83 得到了号码的List数据　　图7.84 "扩展到新行"命令

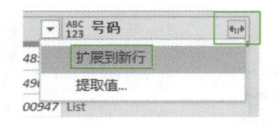

这样,就得到了每行一个发票号的表格,如图7.85所示。

步骤⑮ 删除中间的"首号"和"末号"两列,即可得到所需要的一行一个发票号的列表,如图7.86所示。

步骤⑯ 将数据导出到Excel工作表中。

图7.85　一个发票号保存一行

图7.86　最终的列表

7.4.2　综合练习：连续发票号码的合并处理

案例7.12

案例 7.11 是将发票号展开。现在如果要把保存在各行的连续发票号，按日期转换到一行内，并用指定的分隔符连接，那么如何操作呢？如图 7.87 所示。

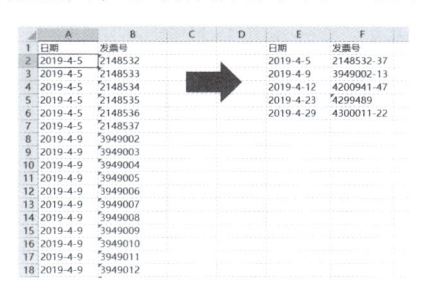

图7.87　连续发票号码的合并处理

下面是具体的合并方法和操作步骤。

步骤1　对"日期"和"发票号"两列数据表单建立查询，如图 7.88 所示。注意：要将展开的"发票号"列的数据类型设置为"整数"。

步骤2　选择"日期"列，执行"开始"→"分组依据"命令，打开"分组依据"对话框，做如下的设置，如图 7.89 所示。

（1）选中"高级"单选按钮。

（2）在"分组依据"下拉列表中选择"日期"。

（3）添加两个聚合，"新列名"分别是"首号"和"末号"，"操作"分别选择"最小值"和"最大值"，"值"均选择"发票号"。

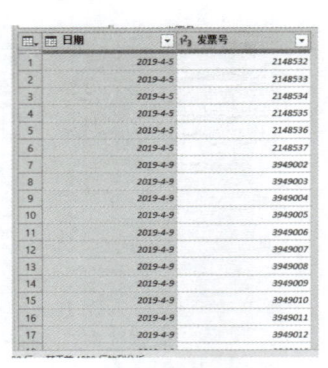

图7.88　建立查询

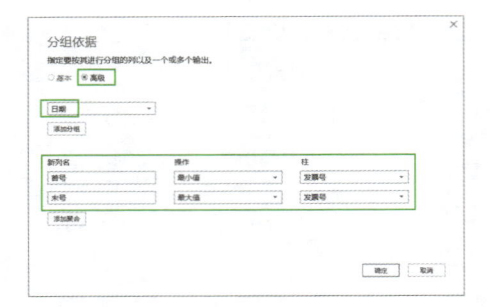

图7.89　对日期进行分组

这样，就得到如图7.90所示的结果。

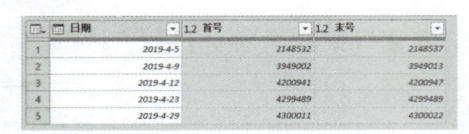

图7.90　分组日期

步骤3 选择"首号"列或"末号"列，执行"添加列"→"提取"→"首字符"命令，提取发票号码的首位5位数字，如图7.91所示。

图7.91　提取发票号的首位5位数字

步骤4 选择"末号"列，执行"添加列"→"提取"→"结尾字符"命令，提取发票号码的最后两位数字，如图7.92所示。

图7.92　从"末号"列中提取最后两位数字

步骤5 选择"首号"列和"结尾字符"列，使用横杠"-"作为分隔符，将它们合并为一个新列，如图7.93所示。

图7.93　合并得到发票号连接字符

步骤6 添加一个条件列，如图7.94所示。判断处理一个号码和多个号码的情况，这个条件语句的基本原理就是：如果首号等于末号，那么就取"首号"列数据，否则就取"已合并"列数据。

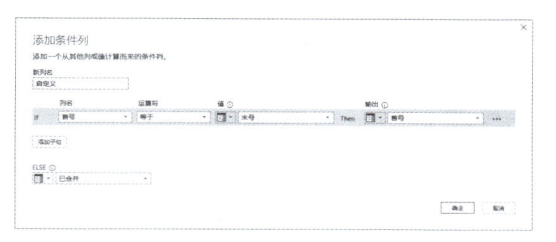

图7.94 添加条件列

这样，就得到如图 7.95 所示的结果。

图7.95 得到的发票连号数据

步骤 7 选择"发票号"列，将其数据类型设置为"文本"。
步骤 8 保留"日期"和"发票号"列，删除其他所有列。
这样，就完成了数据的合并与处理。

7.4.3 综合练习：将考勤流水数据处理为阅读表格

有时候需要查看考勤刷卡数据，而从刷卡机中导出的数据并不适宜阅读，这时就需要将导出的数据整理为表单，以便于数据统计。

案例7.13

图 7.96 是一个从指纹打卡机导出的原始数据，现在要求把从指纹打卡机中导出的考勤数据整理为适宜阅读的表格，如图 7.97 所示。

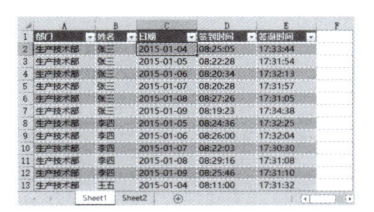

图7.96 从指纹打卡机导出的原始数据

图7.97 要求制作的表格

步骤 1 建立查询，如图 7.98 所示。

图7.98 建立查询

步骤 2 选择"签到时间"和"签退时间"列,执行"转换"→"合并列"命令,以空格作为分隔符将两列合并,"合并列"对话框设置如图7.99所示,合并后的表格如图7.100所示。

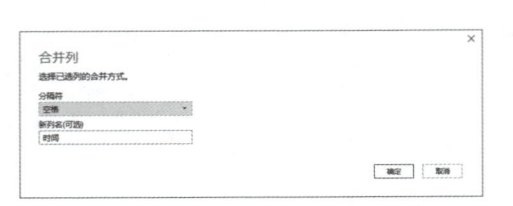

图7.99 "合并列"对话框

图7.100 将"签到时间"和"签退时间"列合并

步骤 3 选择"日期"列,执行"转换"→"透视列"命令,打开"透视列"对话框。其中,在"值列"下拉列表中选择"时间",单击"高级选项",在"聚合值函数"下拉列表中选择"不要聚合",如图7.101所示。单击"确定"按钮,就得到了透视后的表,如图7.102所示。

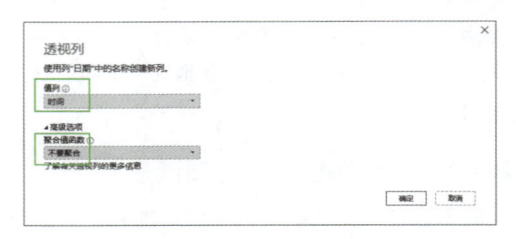

图7.101 对"日期"列进行透视

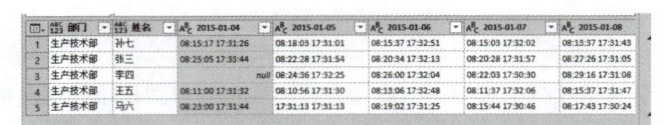

图7.102 透视后的表

步骤 4 选择所有的"日期"列,执行"转换"→"替换值"命令,打开"替换值"对话框,做如下的设置,如图7.103所示。

(1)在"要查找的值"文本框中输入一个空格。
(2)单击"高级选项",展开对话框。
(3)勾选"使用特殊字符替换"复选框。
(4)单击"插入特殊字符"按钮,展开下拉列表,选择"换行"。

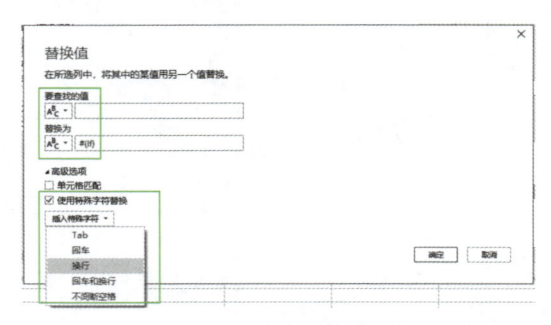

图7.103 "替换值"对话框

步骤 5 单击"确定"按钮，就得到如图 7.104 所示的结果。

图7.104 空格被替换为换行符后的表

步骤 6 将查询关闭并上载到表。

7.4.4 综合练习：将阅读格式考勤数据处理为规范表单

案例7.14

图 7.104 所示的表格是仅供阅读的表格，无法继续考勤统计汇总。假如从指纹刷卡机中导出的是在一个单元格分行显示的考勤数据，这种数据不能进行统计汇总，那么如何把它们分成两列保存，以便于能够进行进一步的统计呢？

以图 7.95 所示的适合阅读的表格数据为例，转换的基本步骤如下。

步骤 1 建立查询，如图 7.105 所示。

图7.105 建立查询

步骤 2 可以选择全部"日期"列，执行"转换"→"逆透视列"命令；也可以只选择"部门"和"姓名"两列，再执行"转换"→"逆透视其他列"命令。这两种方法都可得到如图 7.106 所示的结果。

图7.106 对各个"日期"列进行逆透视

步骤 3 选择"值"列，执行"转换"→"拆分列"→"按分隔符"命令，使用自定义的特殊字符（换行符）对该列进行拆分，如图 7.107 所示。单击"确定"按钮，就得到了分列后的表，如图 7.108 所示。

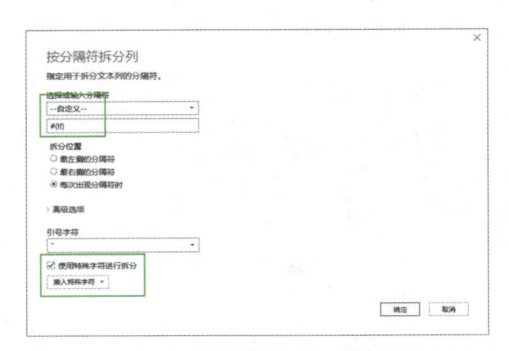

图7.107　使用自定义特殊字符（换行符）拆分列　　　图7.108　将日期分列后的表

步骤 4 修改列标题名称，将"属性"修改为"日期"，将"值.1"修改为"签到时间"，将"值.2"修改为"签退时间"，就得到需要的考勤表，如图7.109所示。

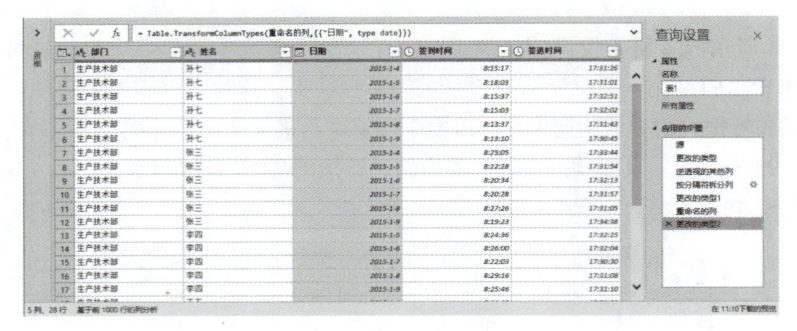

图7.109　整理完成的考勤表

第8章
快速汇总大量表格

在实际工作中,经常需要把大量工作表的数据汇总到一个工作表,或者需要根据某些条件进行关联汇总,使用 Power Query 就能易如反掌地解决这些问题。本章结合实际工作中常见的工作表合并汇总案例,介绍 Power Query 汇总操作的基本方法和思路。

8.1 一个工作簿内的多张工作表合并汇总

如果要汇总的多张工作表在同一个工作簿内,此时的汇总并不复杂,但要先弄清楚:这些工作表数据的汇总操作,是将这些工作表的数据堆积汇总到一张工作表,还是根据各张工作表之间的关联字段来进行汇总。

8.1.1 多张工作表的堆积汇总

堆积汇总就是将各张工作表的数据简单地堆积在一起,就像复制粘贴一样。此时,要汇总的每张工作表结构必须完全相同(也就是列个数和列次序相同)。下面介绍一个具体的例子。

案例8.1

图 8.1 所示的当前工作簿中有 12 张工作表,分别保存了 12 个月的工资。现在要把这 12 张工作表数据汇总到一张工作表中。

图8.1 当前工作簿中的12张工作表

步骤1 首先插入一个新工作表,重命名为"汇总表",然后单击"保存"按钮,保存工作簿。

步骤2 执行"数据"→"获取数据"→"来自文件"→"从工作簿"命令,如图 8.2 所示。

步骤3 打开"导入数据"对话框,从文件夹中选择要汇总的工作簿,如图 8.3 所示。

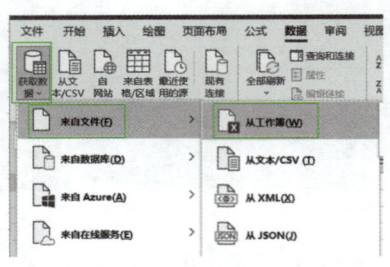

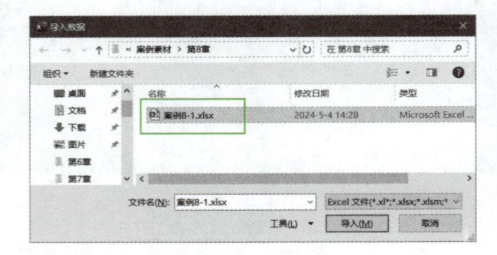

图8.2 "从工作簿"命令　　　　　　　　图8.3 选择要汇总的工作簿

步骤④ 单击"导入"按钮，打开"导航器"对话框，由于要汇总该工作簿中的全部工作表，所以在"显示选项"中选择顶部的工作簿名称，如图8.4所示。这里工作簿名称后面的[13]表示该工作簿有13张工作表。

注意，不能只选择某张工作表，因为要汇总的是全部12张工作表。

图8.4 选择工作簿名称

步骤⑤ 单击"导航器"对话框右下角的"转换数据"按钮，打开"Power Query 编辑器"窗口，如图8.5所示。

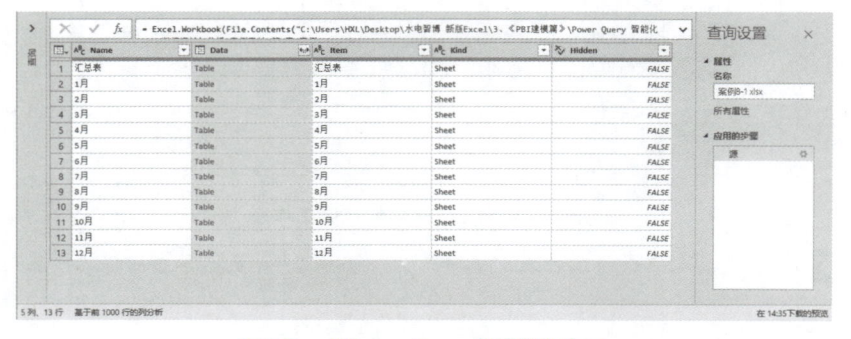

图8.5 "Power Query编辑器"窗口

步骤⑥ 保留工作表最左侧的两列数据，删除右侧的3列数据，如图8.6所示。

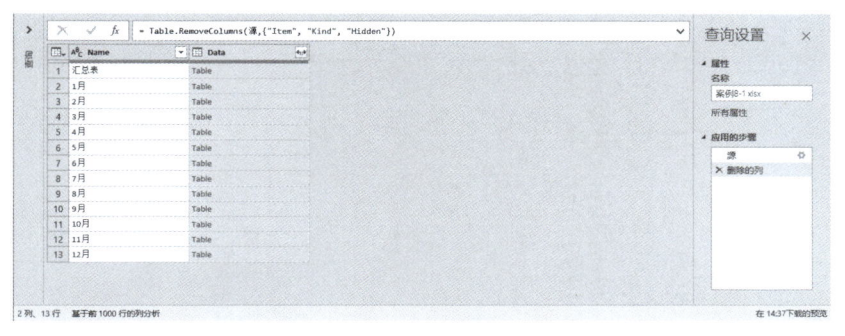

图8.6 删除不必要的列

步骤 7 在第一列 Name 中,取消选择"汇总表",如图8.7所示。

步骤 8 单击 Data 字段右侧的展开按钮,打开筛选窗格,取消勾选"使用原始列名作为前缀"复选框,如图8.8所示。

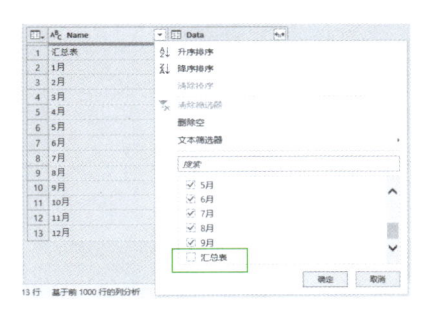

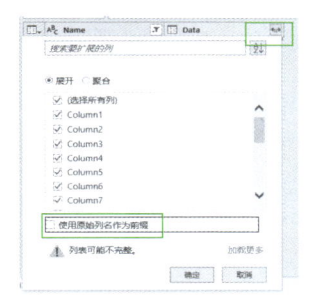

图8.7 取消选择"汇总表"   图8.8 取消勾选"使用原始列名作为前缀"复选框

步骤 9 单击"确定"按钮,就得到全部12张工作表的数据,如图8.9所示。

图8.9 加载12张工作表的数据

步骤 10 这种汇总,实质上是将12张工作表的所有数据(包括第一行的标题)全部堆积在一起,每张表的标题作了数据行,因此汇总表的标题不是确切的标题,而是默认的Column1、Column2、Column3 等。

因此,需要执行"主页"→"将第一行用作标题"命令,提升标题,如图8.10所示。

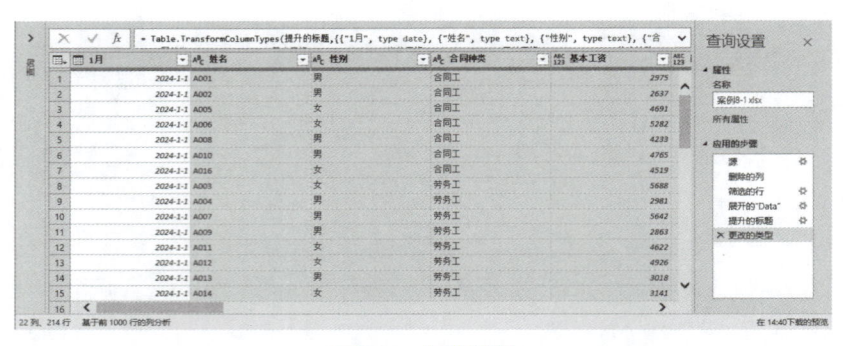

图8.10　提升标题

步骤11　在默认情况下，Power Query 对各列的数据类型进行自动更改。在本案例中，第一列的月份数据类型被改成了"日期"，因此，需要重新将第一列的数据类型设置为"文本"，如图 8.11 所示。恢复后的月份名称如图 8.12 所示。

另外，还需要根据实际情况，对某些列的数据类型进行设置。例如，将所有工资项目金额的数据类型设置为"小数"。

图8.11　将数据类型设置为"文本"　　　　图8.12　恢复后的月份名称

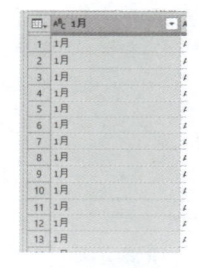

步骤12　将第一列标题"1 月"修改为"月份"，如图 8.13 所示。

图8.13　修改第一列标题

步骤13　第一张表的标题当作了汇总表的标题，那么汇总表剩下的 11 个标题是无用的，必须将它们筛选掉。方法：单击某一个项目较少、容易操作的列，如"性别"列，取消选择"性别"列，如图 8.14 所示。

步骤14　在编辑器右侧的"查询设置"窗格中，将默认的查询名称修改为"工资汇总",如图 8.15 所示。

图8.14 取消选择"性别"列　　　图8.15 修改查询名称

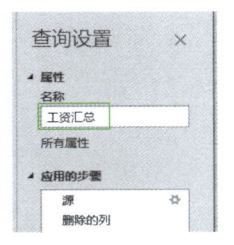

步骤15 执行"文件"→"关闭并上载至"命令,如图 8.16 所示,打开"导入数据"对话框,分别选择"表"和"现有工作表"单选按钮,指定保存位置,如图 8.17 所示。

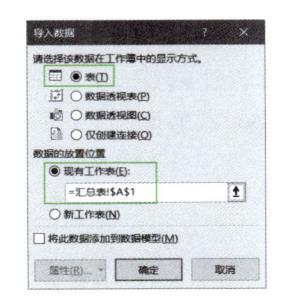

图8.16 "关闭并上载至"命令　　　图8.17 分别选择"表"和"现有工作表"单选按钮

步骤16 单击"确定"按钮,就将 12 个月的工资表汇总到了指定的工作表中,如图 8.18 所示。

图8.18 12个月的工资表汇总

此案例的综合练习如:
- 请从 12 个月工资表中,分别制作合同工和劳务工的工资汇总表。
- 请从 12 个月工资表中,分别制作合同工和劳务工的社保汇总表。
- 请从 12 个月工资表中,分别制作合同工和劳务工的个税汇总表。

8.1.2 多张工作表的关联汇总:两张工作表的情况

在某些情况下,需要把几张有关联的工作表,通过关联字段进行汇总,得到一张包含全部信息的汇总表。此时,可以使用 Power Query 快速完成。

案例8.2

图 8.19 所示的是当前工作簿中有两张工作表,即"基本信息"和"明细工资",它们共有的列为"工号"和"姓名",并且两张表格中的员工都是一样的。现在要求把这两张工作表的数据,依据工号或姓名(假设姓名不重复)进行关联,生成一个包含全部信息数据的总表。

图8.19 同一工作簿的两张依据工号关联的工作表

主要操作步骤如下。

步骤① 执行"数据"→"获取数据"→"来自文件"→"从工作簿"命令,打开"导入数据"对话框,从文件夹中选择工作簿,单击"导入"按钮,打开"导航器"对话框,如图 8.20 所示。在该对话框中勾选"选择多项"复选框,并勾选这两张要汇总的工作表。

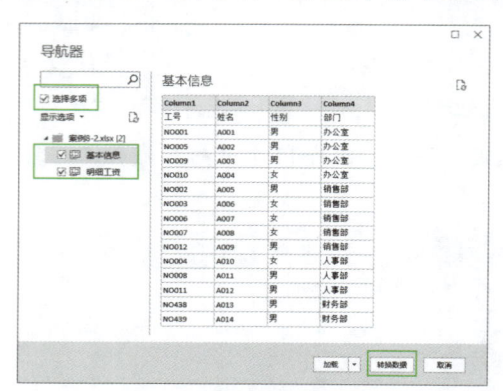

图8.20 "导航器"对话框

步骤② 单击"转换数据"按钮,打开"Power Query 编辑器"窗口,如图 8.21 所示。

图8.21 "Power Query编辑器"窗口

步骤3 在编辑器左侧的"查询"列表中，单击每个查询，检查每张表的标题是否正确，如果是默认的Column1、Column2等标题（如图8.21所示的"基本信息"表），一定要提升标题。

步骤4 执行"主页"→"合并查询"→"将查询合并为新查询"命令，如图8.22所示，打开"合并"对话框，如图8.23所示

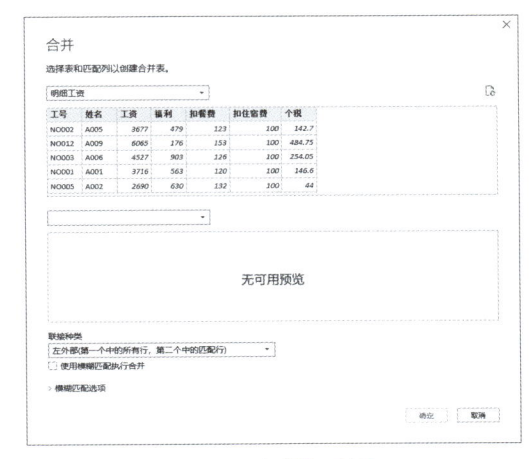

图8.22 "将查询合并为新查询"命令

图8.23 "合并"对话框

步骤5 在两张表格的下拉列表框中分别选择"基本信息"和"明细工资"，再分别选择"工号"列，"联接种类"保持默认设置（因为两张表的员工都是一样的），如图8.24所示。

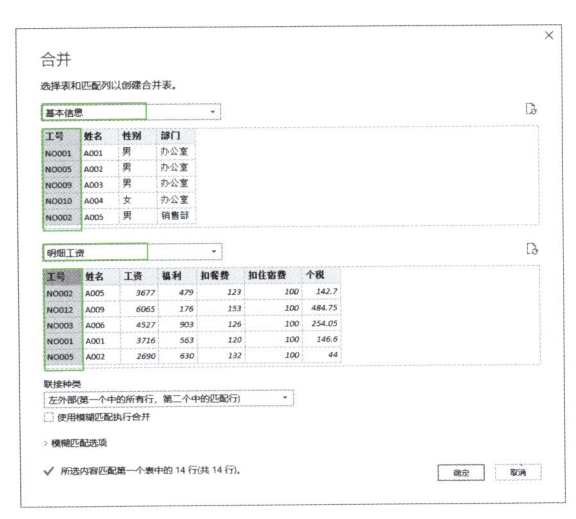

图8.24 设置"合并"对话框

步骤6 单击"确定"按钮，就得到如图8.25所示的合并查询表"合并1"。

步骤7 将默认的合并查询名称"合并1"重命名为"汇总表"。

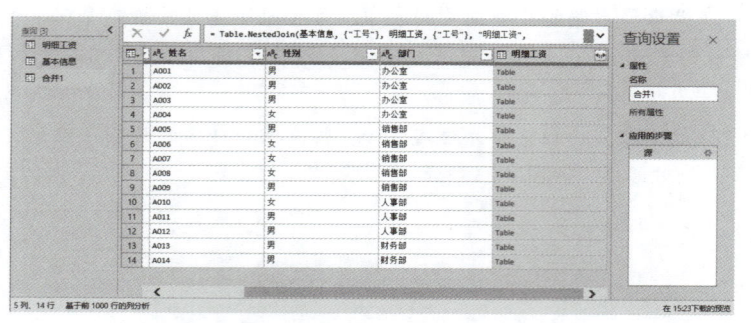

图8.25　两张表的合并查询"合并1"

步骤8　单击"明细工资"列标题右侧的展开按钮，展开筛选窗口。

步骤9　由于目前的查询表中已经包含了"工号"和"姓名"两列数据，因此取消勾选这两个字段，同时取消勾选"使用原始列名作为前缀"复选框，如图8.26所示。

步骤10　单击"确定"按钮，就得到两张表的汇总表，如图8.27所示。

图8.26　取消勾选"工号""姓名"和"使用原始列名作为前缀"复选框

图8.27　两张表的汇总表

步骤11　执行"文件"→"关闭并上载至"命令，打开"导入数据"对话框，选中"仅创建连接"单选按钮，如图8.28所示。

步骤12　单击"确定"按钮，就得到3个查询，并在工作表右侧的"查询&连接"窗格中显示出这3个查询名称，如图8.29所示。

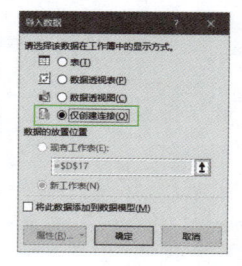

图8.28　选中"仅创建连接"单选按钮

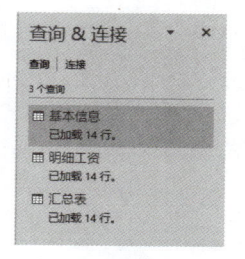

图8.29　得到的3个查询连接

步骤13　右击查询"汇总表"，执行"加载到"命令，如图8.30所示。重新打开"导入数据"对话框，选中"表"和"新工作表"单选按钮，如图8.31所示。

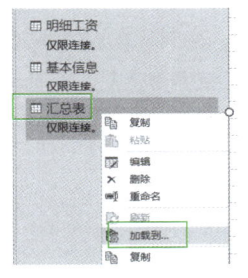

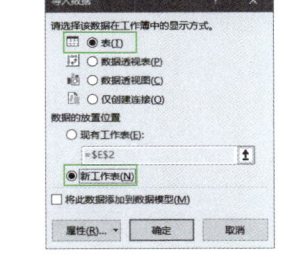

图8.30 执行"加载到"命令　　图8.31 选中"表"和"新工作表"单选按钮

步骤14 单击"确定"按钮，就自动创建一张新工作表，并将汇总数据导入该工作表，如图 8.32 所示。

图8.32 得到的两张关联工作表数据的汇总表

8.1.3 多张工作表的关联汇总：多张工作表的情况

案例8.3

本案例要复杂一些，如图 8.33 所示的工作簿中有 4 张工作表，这 4 张工作表有共有列"工号"和"姓名"，并且这 4 张表格中的员工都是一样的。

- 基本信息：保存员工的基本信息。
- 明细工资：保存员工的工资数据。
- 个税：保存员工的个税数据。
- 奖金：保存员工的奖金数据。

现在要求把这 4 张表格的数据依据"工号"或"姓名"进行关联，全部汇总到一个新工作表中。主要步骤如下。

图8.33 4张工作表有共同的工号和姓名

步骤 1 执行"数据"→"获取数据"→"来自文件"→"从工作簿"命令，打开"导入数据"对话框，从文件夹中选择工作簿"案例 8.3.xlsx"。单击"导入"按钮，打开"导航器"对话框，如图 8.34 所示，勾选"选择多项"复选框并勾选要汇总的 4 张工作表。

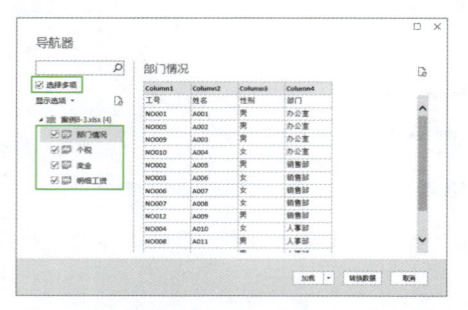

图8.34 勾选"选择多项"复选框并勾选要汇总的4张工作表

步骤 2 单击"转换数据"按钮，打开"Power Query 编辑器"窗口并自动建立了 4 张表格的查询，如图 8.35 所示。

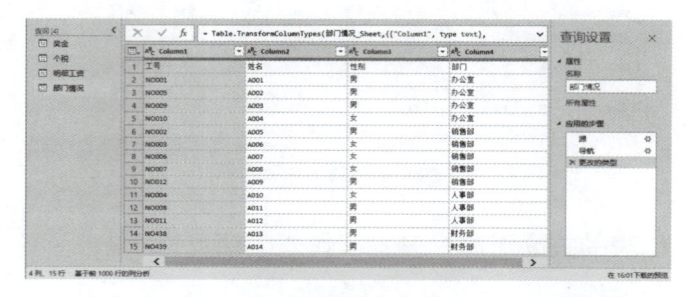

图8.35 打开"Power Query编辑器"窗口并自动建立了4张表格的查询

步骤 3 注意检查每张查询表的标题是否正确，根据情况确认是否需要提升标题。

步骤 4 在编辑器左侧的"查询"列表中，单击选择查询"部门情况"，然后执行"主页"→"合并查询"→"将查询合并为新查询"命令，打开"合并"对话框。

步骤 5 上面的表格是"部门情况"，保持默认设置，在下面的表格的下拉列表框中选择"明细工资"；随后在上、下两张表中，分别选择"工号"列作为关联字段，如图8.36 所示。

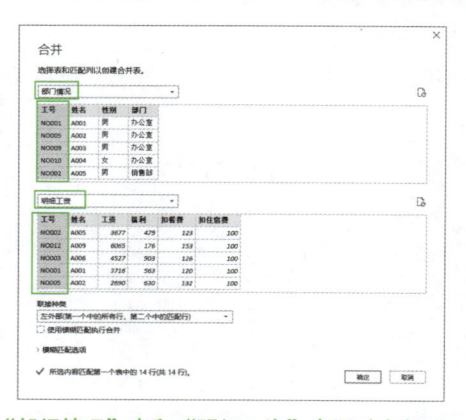

图8.36 "部门情况"表和"明细工资"表通过字段"工号"关联

步骤 6 单击"确定"按钮，就得到一个由"部门情况"和"明细工资"合并起来的新查询"合并1"，如图8.37所示。

图8.37 "部门情况"和"明细工资"合并的新查询"合并1"

步骤 7 单击"明细工资"列标题右侧的展开按钮，展开筛选窗格，取消勾选"工号""姓名"和"使用原始列名作为前缀"复选框，如图8.38所示。

步骤 8 选择查询"合并1"，执行"主页"→"合并查询"命令，打开"合并"对话框，在下面的表格的下拉列表框中选择"个税"，然后在上、下两张表中分别选择"工号"列作为关联字段，如图8.39所示。

图8.38 取消勾选"工号""姓名"和"使用原始列名作为前缀"复选框1

图8.39 "合并1"和"个税"通过字段"工号"关联

步骤 9 单击"确定"按钮，就将"合并1"和"个税"进行了合并。然后，单击最右侧"个税"列的展开按钮，展开筛选窗口，取消勾选"工号""姓名"和"使用原始列名作为前缀"复选框，如图8.40所示。

步骤 10 继续选择查询"合并1"，执行"主页"→"合并查询"命令，打开"合并"对话框，在下面的表格的下拉列表框中选择"奖金"，然后在上、下两张表中分别选择"工号"列作为关联字段，如图8.41所示。

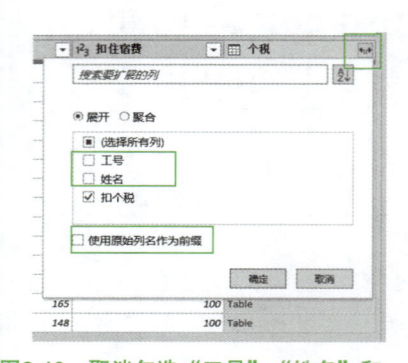

图8.40 取消勾选"工号""姓名"和"使用原始列名作为前缀"复选框2

图8.41 "合并1"和"奖金"通过字段"工号"关联

步骤⑪ 单击"确定"按钮,就将"合并1"和"奖金"进行了合并。然后,单击最右侧"奖金"列的展开按钮,展开筛选窗口,取消勾选"工号""姓名"和"使用原始列名作为前缀"复选框,如图8.42所示。

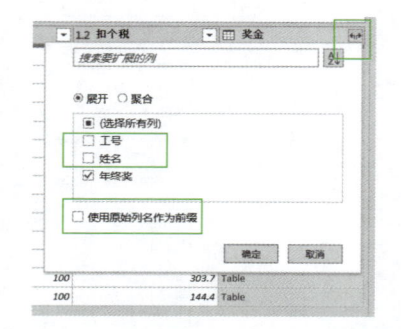

图8.42 取消勾选"工号""姓名"和"使用原始列名作为前缀"复选框3

步骤⑫ 单击"确定"按钮,就完成了所有工作表的关联汇总,最终的汇总表如图8.43所示。

	工号	姓名	性别	部门	工资	福利	扣调奖	扣住宿	1.2 扣个税	年终奖
1	NO001	A001	男	办公室	3716	563	120	100	146.6	27130
2	NO009	A003	男	办公室	1363	813	144	100	0	15648
3	NO002	A005	男	销售部	3677	479	123	100	142.7	9386
4	NO005	A002	男	办公室	2690	630	132	100	44	16048
5	NO004	A010	女	人事部	5204	602	129	100	355.6	12588
6	NO006	A007	男	销售部	4259	212	135	100	213.85	26744
7	NO012	A009	男	销售部	6065	176	153	100	484.75	28452
8	NO011	A012	男	人事部	2263	149	150	100	18.15	24115
9	NO007	A008	女	销售部	7782	652	138	100	781.4	8298
10	NO008	A011	男	人事部	4951	713	141	100	317.65	3087
11	NO003	A006	女	销售部	4527	903	126	100	254.05	11444
12	NO010	A004	女	办公室	2629	572	147	100	37.9	5214
13	NO438	A013	男	财务部	4858	476	165	100	303.7	6906
14	NO439	A014	男	财务部	3694	634	148	100	144.4	12524

图8.43 4张基础表格的汇总表

步骤⑬ 将新查询名"合并1"修改为"汇总表",然后采用案例8.2介绍的方法,将"汇总表"加载为仅连接,最后再单独将"汇总表"导出到当前工作表,就得到需要的汇总表,如图8.44所示。

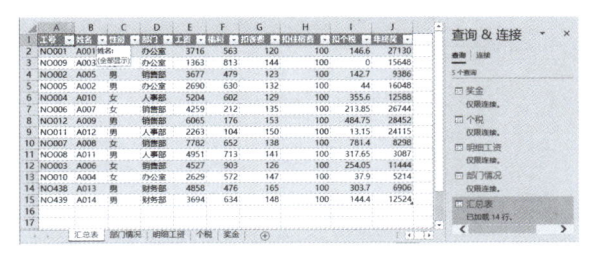

图8.44 4张关联工作表的汇总表

由案例 8.2 和案例 8.3 可以看出，多张表的合并只是增加了几次合并操作而已。汇总多张关联工作表的基本方法和主要步骤是建立合并查询，其中：

（1）第一次是将查询合并为新查询。
（2）然后，再将这个新查询与其他各张表进行关联合并。

8.1.4 多张工作表的关联汇总：匹配数据

案例8.4

在实际数据管理中，数据会按照功能保存在不同的工作表中，这些工作表通过一个或几个字段进行关联。例如，有两张表，一张表是"销售明细"，保存有产品销售记录，但没有产品价格；另一张表是"产品资料"，保存有产品价格，如图 8.45 所示。

现在要把这两张表格汇总成一个信息完整的表，如图 8.46 所示。

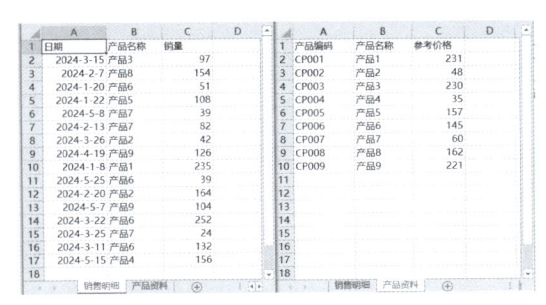

图8.45 "销售明细"和"产品资料"两张表

图8.46 要求的汇总表

主要操作步骤如下。

步骤 1 执行"数据"→"获取数据"→"来自文件"→"从工作簿"命令，打开"导入数据"对话框，从文件夹中选择工作簿"案例 8.4.xlsx"，单击"导入"按钮，打开"导航器"对话框，如图 8.47 所示，勾选"选择多项"复选框，并勾选"产品资料"和"销售明细"工作表。

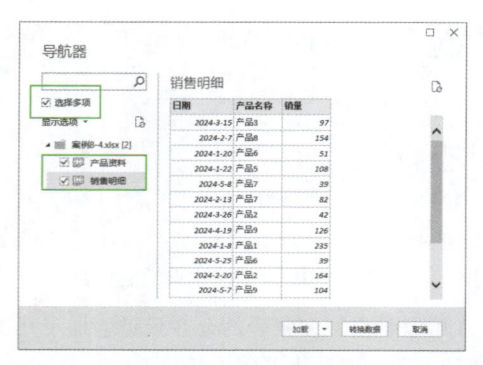

图8.47 勾选"选择多项"复选框并勾选"产品资料"和"销售明细"工作表

步骤 2 单击"转换数据"按钮，打开"Power Query 编辑器"窗口，如图8.48所示。

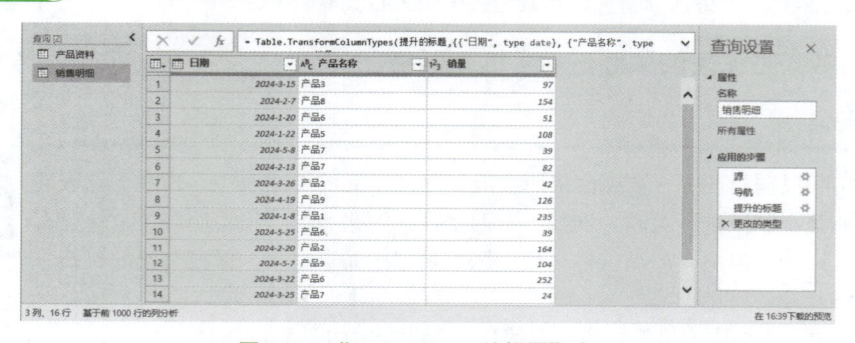

图8.48 "Power Query编辑器"窗口

步骤 3 执行"主页"→"合并查询"→"将查询合并为新查询"命令，打开"合并"对话框，设置如图8.49所示。

（1）从上、下两张表格的下拉列表框中分别选择两张表（不分先后）。

（2）两张表都选择"产品名称"列做关联。

（3）在底部"联接种类"下拉列表中选择"完全外部（两者中的所有行）"选项。

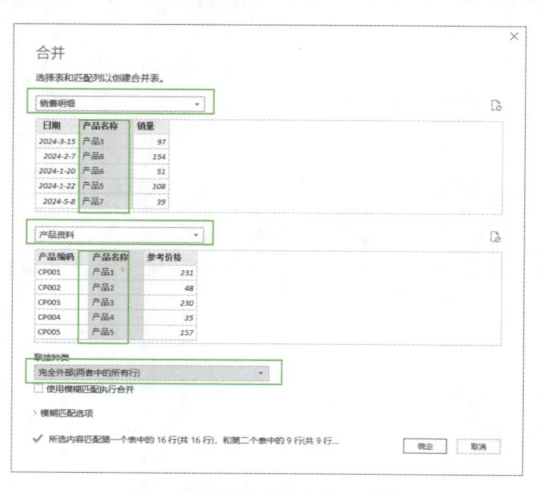

图8.49 设置"合并"对话框

步骤 4 单击"确定"按钮，就得到一个新查询"合并1"，如图8.50所示。

图8.50 得到的新查询"合并1"

步骤 5 单击"产品资料"列标题右侧的展开按钮，展开筛选窗口，勾选"产品编码"和"参考价格"复选框，取消勾选"使用原始列名作为前缀"复选框，如图8.51所示。

图8.51 勾选"产品编码"和"参考价格"复选框

步骤 6 单击"确定"按钮，就得到如图8.52所示的合并表。

图8.52 得到的合并表

步骤 7 将"产品编码"列调整到"产品名称"列的前面。

步骤 8 执行"添加列"→"自定义列"命令，打开"自定义列"对话框，如图8.53所示，在"新列名"文本框中输入"销售额"，并输入以下自定义列公式：

=[销量]*[参考价格]

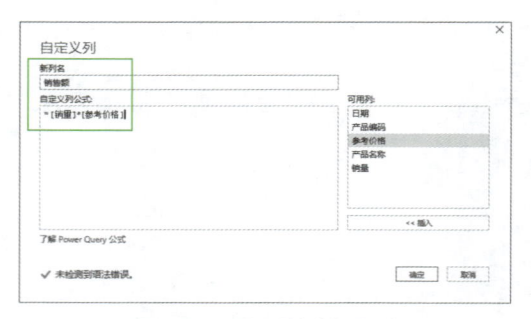

图8.53 添加"销售额"列

步骤9 单击"确定"按钮，就得到了新列"销售额"，然后将其数据类型设置为"小数"，结果如图8.54所示。

日期	产品编码	产品名称	销量	参考价格	销售额
2024-3-15	CP003	产品3	97	230	22310
2024-1-8	CP001	产品1	235	231	54285
2024-2-7	CP008	产品8	154	162	24948
2024-3-26	CP002	产品2	42	48	2016
2024-1-20	CP006	产品6	51	145	7395
2024-5-25	CP006	产品6	39	145	5655
2024-1-22	CP005	产品5	108	157	16956
2024-5-8	CP007	产品7	39	60	2340
2024-2-13	CP007	产品7	82	60	4920
2024-4-19	CP009	产品9	126	221	27846
2024-2-20	CP002	产品2	164	48	7872
2024-5-7	CP009	产品9	104	221	22984
2024-3-22	CP006	产品6	252	145	36540
2024-3-25	CP007	产品7	24	60	1440
2024-3-11	CP006	产品6	132	145	19140
2024-5-15	CP004	产品4	156	35	5460

图8.54 添加了自定义列"销售额"并设置数据类型为"小数"

步骤10 将这个查询重命名为"汇总表"，然后将所有查询上载为仅连接，最后再单独导出汇总表数据。

8.1.5 汇总工作簿内指定的几张工作表

案例8.5

图8.55是当前工作簿中要汇总的几张工作表，现在需要将"北京分公司""苏州分公司""广州分公司"和"武汉分公司"这4张工作表合并起来，它们的列结构完全相同。

其他工作表不需要合并。这里要注意，必须要合并的工作表数据可能会发生变化，如增加或减少记录。

图8.55 要汇总的4张分公司数据表

在本案例中，只需要汇总指定的几张工作表。此时，汇总方法和主要步骤如下。

步骤 1 插入一张新工作表"合并"，并保存工作簿。

步骤 2 执行"数据"→"获取数据"→"来自文件"→"从工作簿"命令，打开"导入数据"对话框，从文件夹中选择 Excel 工作簿案例 8.5.xlsx，打开"导航器"对话框。在"导航器"对话框中，勾选"选择多项"复选框，然后再勾选要汇总的 4 张工作表，如图 8.56 所示。

图8.56　勾选"选择多项"复选框并勾选要汇总的4张工作表

步骤 3 单击"转换数据"按钮，打开"Power Query 编辑器"窗口。

现在不仅要将 4 张工作表汇总到一起，还要区分每个人的分公司属性，因此需要在每张工作表中添加自定义列"分公司"，如图 8.57 所示。例如，在"北京分公司"表中，自定义列公式如下：

= "北京"

其他表的自定义列公式以此类推。

步骤 4 执行"主页"→"追加查询"→"将查询追加为新查询"命令，如图 8.58 所示。

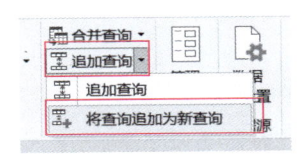

图8.57　为每张表添加自定义列"分公司"　　图8.58　"将查询追加为新查询"命令

步骤 5 打开"追加"对话框，首先选中"三个或更多表"单选按钮；然后从左侧的"可用表"列表中选择要合并的 4 张工作表，单击"添加"按钮，将它们添加到右侧的"要追加的表"列表中，如图 8.59 所示。

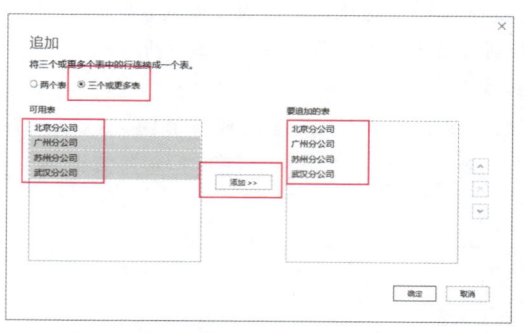

图8.59　添加要追加合并的表

步骤 6 单击"确定"按钮，就将这4张表合并在一起了，如图8.60所示。

图8.60　4张表的合并表

步骤 7 将默认的查询名称"追加1"修改为"分公司合并表"，然后将所有查询加载为仅连接，如图8.61所示。

步骤 8 右击"分公司合并表"，在弹出的快捷菜单中执行"加载到"命令，将该查询单独导出到Excel工作表，就得到了指定的4个分公司的合并表，如图8.62所示。

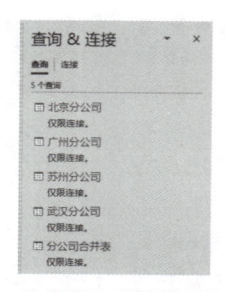

图8.61　将所有查询加载为仅连接

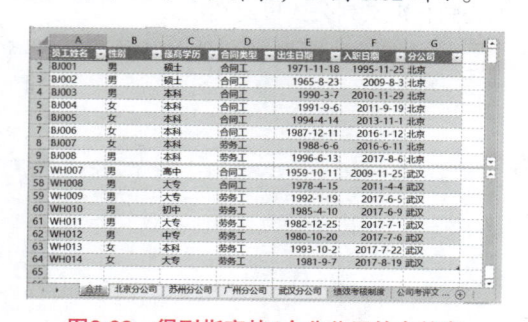

图8.62　得到指定的4个分公司的合并表

追加查询的要点如下：
◎ 在导航器中选择要合并的表。
◎ 如果要区分合并后每张表数据的表属性（也就是哪张表的数据），需要在每张表中添加自定义列。
◎ 查询需要先以"仅创建连接"的形式导出。
◎ 最后再单独导出合并表数据。

8.2 多个工作簿的合并汇总

在实际工作中，最让人头疼的是工作簿的汇总。例如，有 20 个工作簿，分别保存有 20 个分公司的工资数据，每个工作簿内有 12 张工作表，分别保存所在分公司 12 个月的工资数据，共有 20×12=240 张工作表数据要汇总。

其实，这样的多个工作簿汇总，不管是各个工作簿内是一张工作表，还是各个工作簿内有多张工作表，使用 Power Query 来汇总能够轻而易举地完成。下面就这两种情况分别进行介绍。

8.2.1 汇总 N 个工作簿，每个工作簿仅有一张工作表

案例8.6

图 8.63 是一个"各年销售明细"文件夹，该文件夹中保存了 4 个工作簿，每个工作簿只有一张工作表，用来保存各年的销售数据，如图 8.64 所示。现在的任务是把这 4 个工作簿中的数据汇总到新的工作簿中。

图8.63　"各年销售明细"文件夹中保存了 4 个工作簿

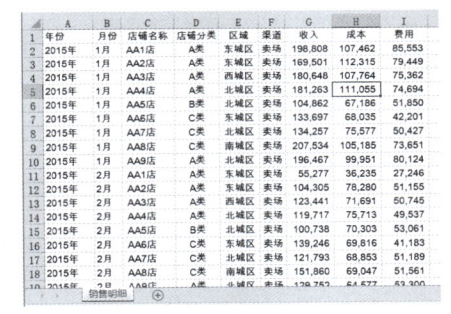

图8.64　工作簿中的数据示例

步骤 1　清理文件夹，将这个文件夹中其他不需要合并的文件保存到其他地方。
步骤 2　新建一个工作簿。
步骤 3　执行"数据"→"获取数据"→"来自文件"→"从文件夹"命令，如图 8.65 所示。
步骤 4　打开"文件夹"对话框，如图 8.66 所示。

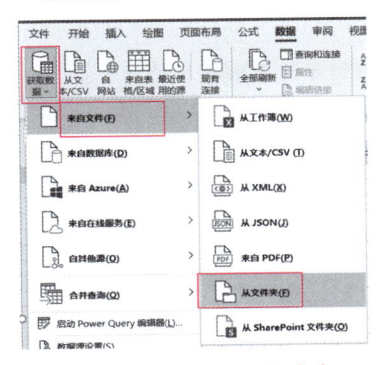

图8.65　"从文件夹"命令

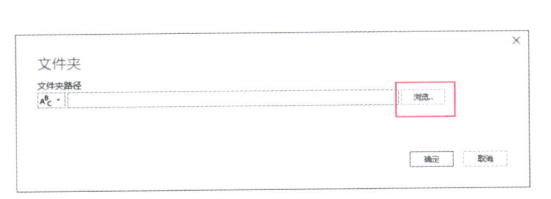

图8.66　"文件夹"对话框

步骤 5 单击"浏览"按钮,打开"浏览"对话框,选择要汇总工作簿的文件夹,如图 8.67 所示。

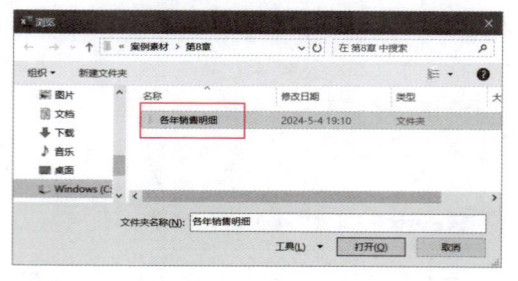

图8.67 选择要汇总的文件夹

步骤 6 单击"打开"按钮,打开一个文件预览对话框。在这个对话框中,可以看到要合并的几个工作簿文件,如图 8.68 所示。

图8.68 显示出要汇总的几个工作簿文件

步骤 7 单击"转换数据"按钮,打开"Power Query 编辑器"窗口,如图 8.69 所示。

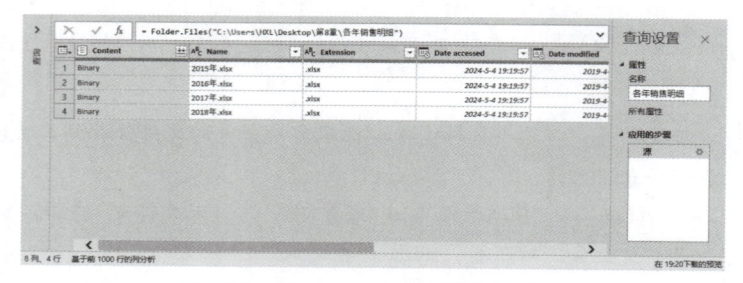

图8.69 "Power Query编辑器"窗口

步骤 8 保留 Content 列,其他各列全部删除,就得到如图 8.70 所示的结果。

图8.70 保留Content列

步骤 9 执行"添加列"→"自定义列"命令,打开"自定义列"对话框,如图8.71所示,输入以下自定义列公式。

```
=Excel.Workbook([Content])
```

图8.71 "自定义列"对话框

步骤 10 单击"确定"按钮,返回到编辑器中,如图8.72所示。可以看到,在查询结果的右侧增加了"自定义"列,要汇总的工作簿数据都在该列中。

图8.72 添加的"自定义"列

步骤 11 单击"自定义"列标题右侧的展开按钮,打开筛选窗口,然后仅勾选Data复选框,取消勾选其他所有的选项,如图8.73所示。

说明:由于每个工作簿的表格中都已经有了年份一列,所以就不需要保留Name了。但是,如果每个工作簿的数据表格中没有年份列,则需要勾选Name复选框。

步骤 12 单击"确定"按钮,表变为如图8.74所示的情形。

图8.73 仅勾选Data复选框

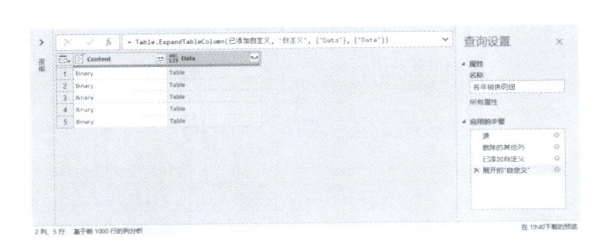

图8.74 筛选自定义列后的表

步骤 13 再单击Data列标题右侧的展开按钮,打开筛选窗口,取消勾选"使用原始列名作为前缀"复选框,其他保持默认选择,如图8.75所示。

步骤 14 单击"确定"按钮,就得到了4个工作簿的数据汇总表,结果如图8.76所示。

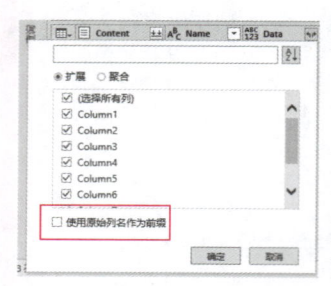

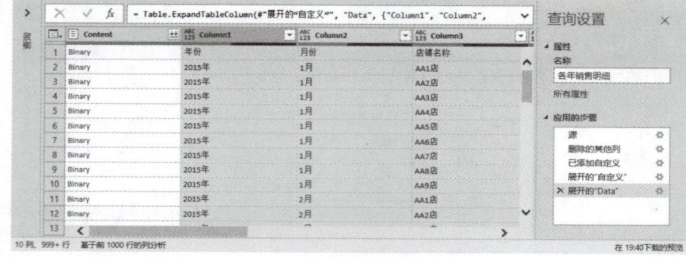

图8.75 取消勾选"使用原始列名作为前缀"复选框

图8.76 4个工作簿合并后的表格

步骤⑮ 对这个汇总数据继续进行整理和加工。首先删除Content列，得到如图8.77所示的查询表。

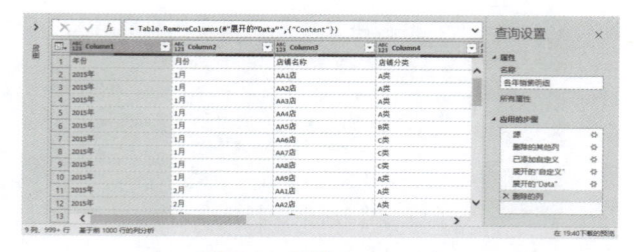

图8.77 删除Content列

步骤⑯ 此时的标题是Column1、Column2、Column3等默认标题，因此单击"将第一行用作标题"命令按钮，提升标题，结果如图8.78所示。

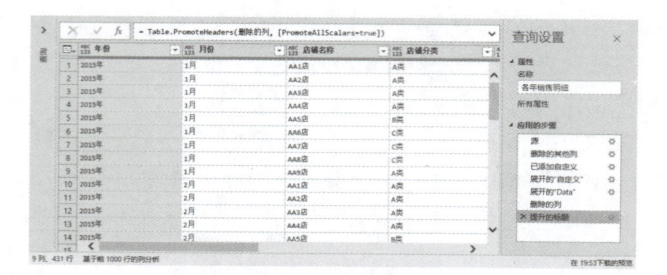

图8.78 提升标题

步骤⑰ 选择某个容易筛选的列，筛选掉多余的标题，得到筛选后的数据表，如图8.79所示。

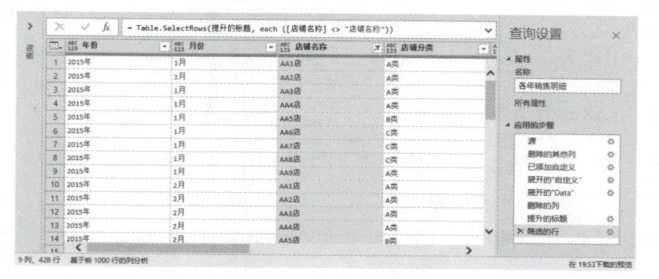

图8.79 筛选后的数据表

步骤 18 执行"开始"→"关闭并上载"命令，就得到 4 个工作簿合并后的汇总表，如图 8.80 所示。

图8.80 4个工作簿合并后的汇总表

如果每个工作簿的数据量很大，就不建议把汇总结果导出到 Excel 表，而应该加载为连接和数据模型，以便以后使用 Power Pivot 进行透视分析。

8.2.2　汇总 N 个工作簿，每个工作簿有多张工作表

案例8.7

本案例情况稍微复杂。

如图 8.81 所示的"分公司工资"文件夹中保存了 16 个分公司工资表的工作簿，每个工作簿有 12 张工作表，分别保存了 12 个月的工资。现在要把这 16 个工作簿总计 16×12=192 张工作表数据汇总到一个新工作簿中。

扫码看视频

图8.81 "分公司工资"文件夹中的16个工作簿

这种情况下，汇总的方法与 8.2.1 小节一样，但要注意以下几个问题：
◎ 每个工作簿名称要规范。例如，要汇总每个分公司的数据，工作簿名称最好命名为分公司名字，这样便于在汇总表中区分数据是哪个分公司的。
◎ 每张工作表名称也要规范。例如，要汇总的每个工作表是几月份数据，那么工作表名称最好命名为该月份名字，如 1 月、2 月、3 月等。

主要操作步骤如下。

步骤 1 新建一个工作簿。

步骤 2 执行"数据"→"获取数据"→"来自文件"→"从文件夹"命令，然后选择文件夹，一步一步操作，打开"Power Query 编辑器"窗口，如图 8.82 所示。

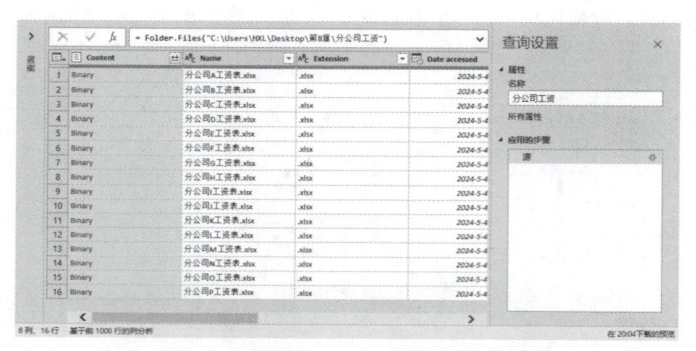

图8.82 "Power Query编辑器"窗口

步骤 3 保留前两列 Content 和 Name，其他各列全部删除，如图8.83所示。

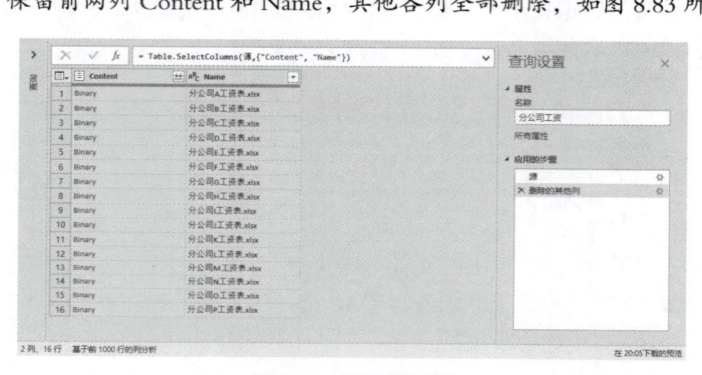

图8.83 保留前两列

步骤 4 选择第二列，利用替换值的方法将"工资表.xlsx"替换掉，从工作簿名称中提取分公司名称，如图8.84所示。

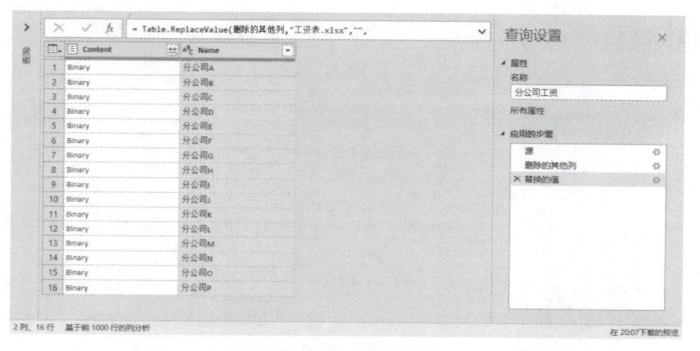

图8.84 从工作簿名称中提取分公司名称

步骤 5 执行"添加列"→"自定义列"命令，为查询添加一个自定义列。自定义列公式如下，得到如图8.85所示的自定义列。

```
=Excel.Workbook([Content])
```

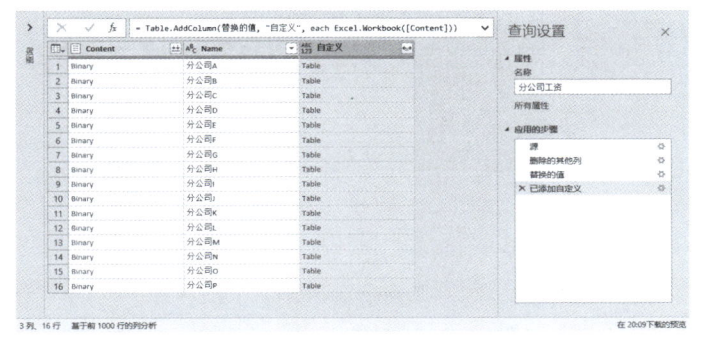

图8.85 添加的"自定义"列

步骤 6 单击"自定义"列标题右侧的按钮 ，打开筛选窗口，勾选 Name 和 Data 复选框，取消勾选其他所有的选项，如图 8.86 所示。

这里的 Name 是每张工作表的名称，也就是月份名称；Data 是每张工作表的数据。因此，这两列都是必需的。

步骤 7 单击"确定"按钮，就得到如图 8.87 所示的结果。

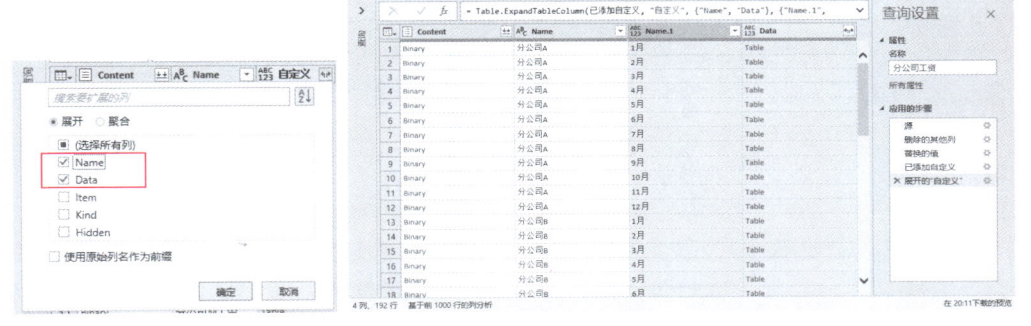

图8.86 勾选Name和Data复选框

图8.87 展开自定义列后的结果

步骤 8 删除最左侧的 Content 列。

步骤 9 单击 Data 右侧的按钮 ，打开筛选窗口，勾选所有项目，就得到了全部工作簿的工作表数据汇总表，结果如图 8.88 所示。

图8.88 全部工作簿合并后的汇总表

步骤 10 单击"将第一行用作标题"命令按钮，提升标题，如图 8.89 所示。

注意：如果有默认的"更改的类型"步骤，将月份数据类型更改为了"日期"，就需要删除此步骤。

图8.89 提升标题

步骤 11 选择容易筛选的某列，筛选出其他多余的工作表标题（因为每张表都有一个标题行，192 张表格就有 192 个标题行，现在已经使用了 1 个标题行作为标题了，剩下的 191 行的标题是没用的）。这样，筛选掉多余标题后的汇总表如图 8.90 所示。

图8.90 筛选掉多余标题后的汇总表

步骤 12 修改第一列标题为"分公司"，第二列标题为"月份"，并将各个工资金额项目的数据类型设置为"小数"，就得到如图 8.91 的结果。

图8.91 修改前两列的标题并设置数据类型

步骤13 最后将结果导出到 Excel 工作表，就得到 16 个分公司全年 12 个月共 192 张工资表的汇总表，如图 8.92 所示。

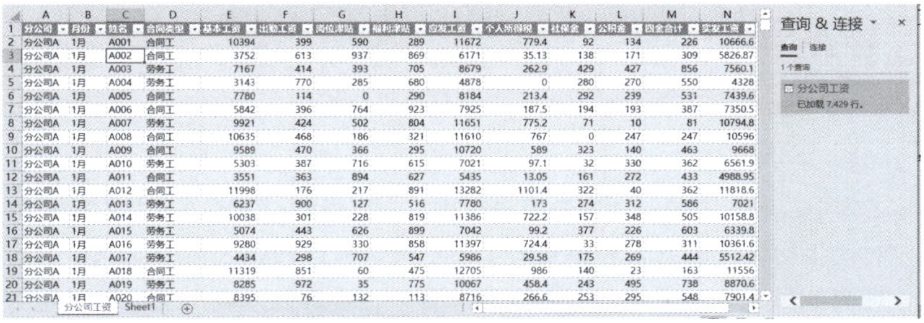

分公司	月份	姓名	合同类型	基本工资	出勤工资	岗位津贴	福利津贴	应发工资	个人所得税	社保金	公积金	四金合计	实发工资
分公司A	1月	A001	合同工	10394	399	590	289	11672	779.4	92	134	226	10666.6
分公司A	1月	A002	合同工	3752	613	937	869	6171	35.13	138	171	309	5826.87
分公司A	1月	A003	劳务工	7167	414	393	705	8679	262.9	429	427	856	7560.1
分公司A	1月	A004	劳务工	3143	770	285	680	4878	0	280	270	550	4328
分公司A	1月	A005	合同工	7780	114	0	290	8184	213.4	292	239	531	7439.6
分公司A	1月	A006	合同工	5842	396	764	923	7925	187.5	194	193	387	7350.5
分公司A	1月	A007	劳务工	9921	424	502	804	11651	775.2	71	10	81	10794.8
分公司A	1月	A008	合同工	10635	468	186	321	11610	767	0	247	247	10596
分公司A	1月	A009	合同工	9589	470	366	295	10720	589	323	140	463	9668
分公司A	1月	A010	劳务工	5303	387	716	615	7021	97.1	32	330	362	6561.9
分公司A	1月	A011	合同工	3551	363	894	627	5435	13.05	161	272	433	4988.95
分公司A	1月	A012	合同工	11998	176	217	891	13282	1101.4	322	40	362	11818.6
分公司A	1月	A013	劳务工	6237	900	127	516	7780	173	274	312	586	7021
分公司A	1月	A014	劳务工	10038	301	228	819	11386	722.2	157	348	505	10158.8
分公司A	1月	A015	劳务工	5074	443	626	899	7042	99.2	377	226	603	6339.8
分公司A	1月	A016	劳务工	9280	929	330	858	11397	724.4	33	278	311	10361.6
分公司A	1月	A017	劳务工	4434	298	707	547	5986	29.58	175	269	444	5512.42
分公司A	1月	A018	合同工	11319	851	60	475	12705	986	140	23	163	11556
分公司A	1月	A019	劳务工	8285	972	35	775	10067	458.4	243	495	738	8870.6
分公司A	1月	A020	合同工	8395	76	132	113	8716	266.6	253	295	548	7901.4

图8.92　16个工作簿共192张工资表的汇总表

第9章
合并查询与应用案例

在实际工作中，经常需要对两张表格进行比对，以得到一张或几张比对结果的表。

例如，对比年初员工信息表和年末员工信息表，从这两张表格中提取相关信息，制作三张报表，即离职员工表（年初有，但年末没有）、新进员工表（年初没有，但年末有）和存量员工表（年初和年末都有）。

又如，对比去年和今年的销售明细表，以分析流失客户、新增客户和存量客户。

诸如此类的问题，都属于对两张表格进行合并查询的问题，使用 Power Query 的"合并查询"功能，可以非常方便快捷地完成。

9.1 合并查询

合并查询就是根据选定的列进行匹配，把两张表中满足条件的数据合并到一张表中。合并查询，只能在两个查询中进行合并，这点要特别注意。

"合并查询"有两个命令选项，即"合并查询"和"将查询合并为新查询"，如图 9.1 所示。

- ◎ "合并查询"：用于把现有的一张表与另外一张表进行匹配，在现有的表格中保留满足条件的数据，而把不满足条件的数据剔除出去，这样，现有的表数据就不再是原始数据。

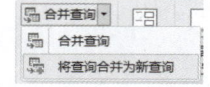

图9.1 "合并查询"命令

- ◎ "将查询合并为新查询"：按照指定的条件匹配两张工作表，并将满足条件的数据保存到一个新查询中，两张表的原始数据都不受影响。

打开"合并"对话框，对话框中列出了上、下两张表，而表的"联接种类"有以下 6 种情况，如图 9.2 所示。

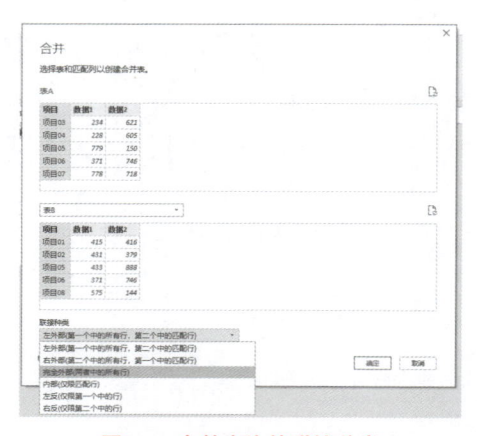

图9.2 合并查询的联接种类

◎ 左外部（第一个中的所有行，第二个中的匹配行）：保留表1的所有项目，获取表2中与表1中匹配的项目，剔除表2中不匹配的项目。
◎ 右外部（第二个中的所有行，第一个中的匹配行）：保留表2的所有项目，获取表1中与表2中匹配的项目，剔除表1中不匹配的项目。
◎ 完全外部（两者中的所有行）：保留两张表中的所有项目。
◎ 内部（仅限匹配行）：保留两张表中的匹配项目，剔除不匹配的项目。
◎ 左反（仅限第一个中的行）：以表1为基准，保留表1与表2有差异的行，剔除表1与表2相同的行。
◎ 右反（仅限第二个中的行）：以表2为基准，保留表2与表1有差异的行，剔除表2与表1相同的行。

9.1.1 合并查询及其联接种类

案例9.1

下面结合一个案例，说明合并查询及其联接种类。这里，已经为如图9.3和图9.4所示的两张表分别建立了查询，查询名称分别是"表A"和"表B"。

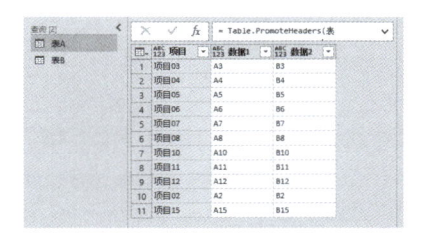

图9.3 建立的"表A"查询　　图9.4 建立的"表B"查询

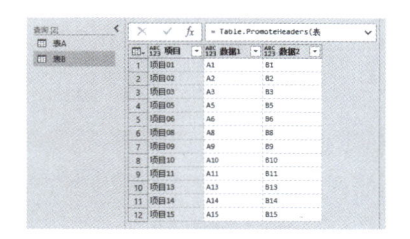

9.1.2 左外部联接

左外部联接是保留表1的所有项目，获取表2中与表1中匹配的项目，并剔除与表2中不匹配的项目。

在编辑器中，选择查询"表A"，执行"合并查询"命令，打开"合并"对话框，设置如图9.5所示。

（1）上面的表即为当前选择的"表A"。
（2）在下面的表中选择"表B"。
（3）在上、下两张表中，分别选择第一列"项目"（即通过"项目"来匹配）。
（4）在"联接种类"下拉列表中选择"左外部（第一个中的所有行，第二个中的匹配行）"选项。

那么，就得到如图9.6所示的查询结果。

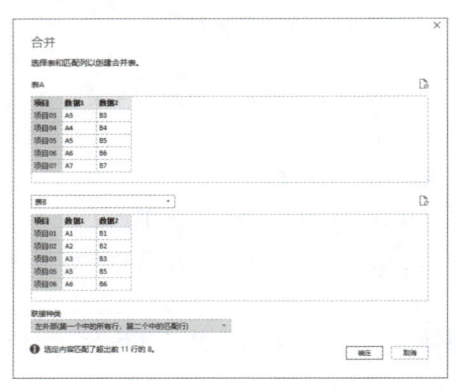

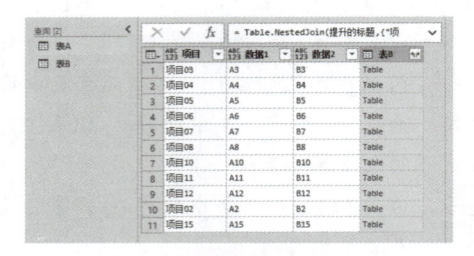

图9.5　设置"合并"对话框

图9.6　左外部联接的合并查询结果

在查询表的右侧，有一个"表 B"列，这个列中保存了第二张表中满足条件的数据，单击"表 B"列标题右侧的展开按钮，打开筛选窗格，如图 9.7 所示。

保持系统默认设置，单击"确定"按钮，即可显示出"表 B"中符合条件的数据，如图 9.8 所示。

图9.7　"表B"列的筛选窗格

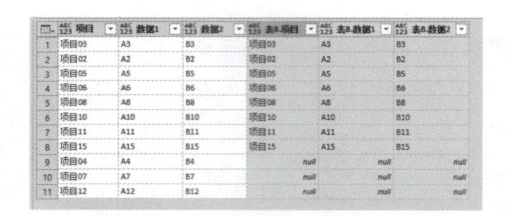

图9.8　左外部联接的合并查询结果

由图 9.8 可以看出，由于使用了左外部联接，因此从表 B 中提取数据时，仅提取了那些与表 A 匹配的项目。

9.1.3　右外部联接

右外部联接是保留表 2 的所有项目，获取表 1 中与表 2 中匹配的项目，并剔除与表 1 中不匹配的项目。

同样，"表 A"仍为表 1，"表 B"为表 2，建立合并查询，在"合并"对话框中选择"右外部（第二个中的所有行，第一个中的匹配行）"联接，就得到如图 9.9 所示的结果。

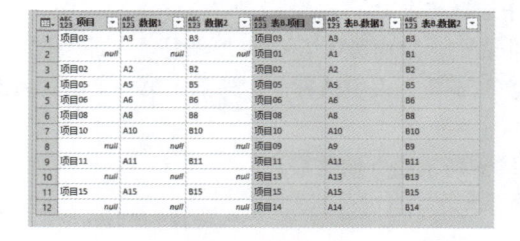

图9.9　右外部联接的合并查询结果

由图 9.9 可以看出，表 A 中仅保留了与表 B 匹配的数据，而与表 B 不匹配的数据不再存在。

9.1.4 完全外部联接

完全外部联接就是保留两张表格的所有项目。

同样,"表A"仍为表1,"表B"为表2,建立合并查询,在"合并"对话框中选择"完全外部(两者中的所有行)"联接,就得到如图9.10所示的结果。

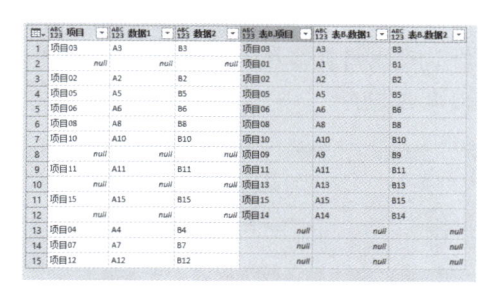

图9.10 完全外部联接的合并查询结果

由图9.10可以看出,两张表的所有数据都被提取出来了。

9.1.5 内部联接

内部联接就是保留两张表中相匹配的项目,剔除不匹配的项目。

同样,"表A"仍为表1,"表B"为表2,建立合并查询,在"合并"对话框中选择"内部(仅限匹配行)"联接,就得到如图9.11所示的结果。

图9.11 内部联接的合并查询结果

由图9.11可以看出,查询结果是两张表中都存在的项目数据。

9.1.6 左反联接

左反联接是以表1为基准,保留表1与表2有差异的行,剔除表1与表2相同的行。也就是,合并查询结果只保留在表1中,而在表2中不存在的数据。

同样,"表A"仍为表1,"表B"为表2,建立合并查询,在"合并"对话框中选择"左反(仅限第一个中的行)"联接,就得到如图9.12所示的结果。

图9.12 左反联接的合并查询结果

由图9.12可以看出,查询结果只有表A的项目04、项目07和项目12,因为这3个项目只有表A有,而表B没有。

9.1.7 右反联接

右反联接是以表2为基准,保留表2与表1有差异的行,剔除表2与表1相同的行。也就是,合并查询结果只保留在表2中,而在表1中不存在的数据。

同样,"表A"仍为表1,"表B"为表2,建立合并查询,在"合并"对话框中选择"右反(仅限第二个中的行)"联接,就得到如图9.13所示的结果。

由图9.13可以看出,查询结果只有表B的项目01、项目09、项目13和项目14,因为这4个项目只有表B有,而表A没有。

图9.13 右反联接的合并查询结果

在了解了合并查询的基本使用方法及联接种类的含义后,下面介绍合并查询的一些经典应用案例。

9.2 合并查询综合应用1:核对两张表格数据

两张表格的数据有什么差异?哪些项目数据对不上?这些问题就是关于核对的问题,使用 Power Query 的合并查询工具可以解决这些问题。

9.2.1 只需要核对一列数据

案例9.2

图 9.14 所示的工作簿有两张工作表,分别为"企业"和"社保所",现在依据"姓名"来核对两张表中每个人的社保金额差异,并同时制作以下3个核对表。

(1)"企业"表中有,而"社保所"表中没有的。
(2)"企业"表中没有,而"社保所"表中有的。
(3)"企业"表中和"社保所"表中都有,但数额对不上的。

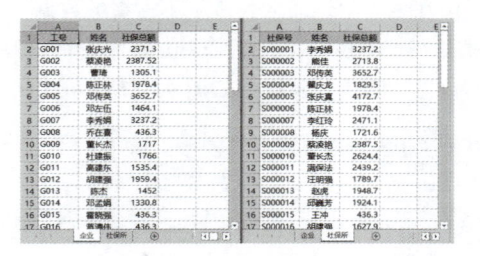

图9.14 "企业"和"社保所"两个工作表

1. 建立查询

首先,执行"从工作簿"命令,分别对两张表格建立查询,如图 9.15 所示。

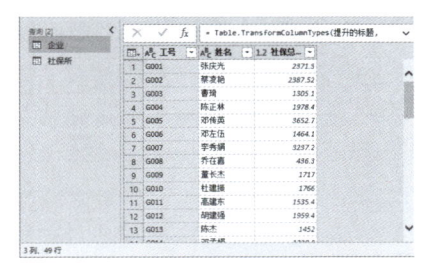

图9.15 建立"企业"和"社保所"两个查询

2. 制作"企业"表中有，而"社保所"表中没有的核对表

步骤 1 选择查询"企业"，执行"将查询合并为新查询"命令，打开"合并"对话框，做以下设置，如图9.16所示。

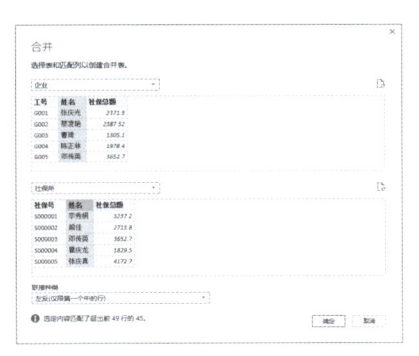

图9.16 设置"合并"对话框（企业有社保无）

步骤 2 单击"确定"按钮，就得到图9.17所示的查询结果。
（1）在第二张表中选择"社保所"。
（2）在两张表中都选择"姓名"列做关联。
（3）在"联接种类"下拉列表中选择"左反（仅限第一个中的行）"。

步骤 3 查询结果最右一列"社保所"没有数据，将其删除。

步骤 4 将默认的查询名"合并1"重命名为"企业有社保无"。

步骤 5 将查询结果上载导出到工作表即可，如图9.18所示。

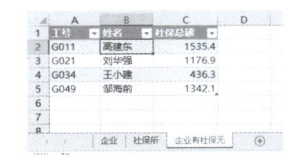

图9.17 查询结果1

图9.18 企业有社保所无的员工数据

3. 制作"企业"表中无，而"社保所"表中有的核对表

步骤 1 选择查询"社保所"，执行"将查询合并为新查询"命令，打开"合并"对话框，做以下设置，如图9.19所示。
（1）在第二张表中选择"企业"。
（2）在两张表中都选择"姓名"列做关联。

（3）在"联接种类"下拉列表中选择"左反（仅限第一个中的行）"。

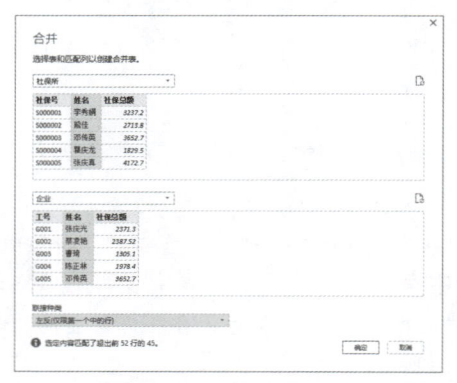

图9.19 设置"合并"对话框（企业无社保有）

步骤 2 单击"确定"按钮，就得到如图9.20所示的查询结果。

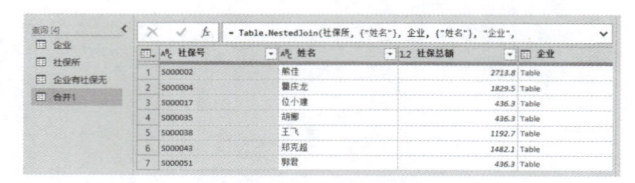

图9.20 查询结果2

步骤 3 查询结果最右一列"企业"没有数据，将其删除。
步骤 4 将默认的查询名"合并1"重命名为"企业无社保有"。

4. 制作"企业"表和"社保所"表中都有，但数额对不上的核对表

这张表格的制作稍微复杂，下面是详细步骤。

步骤 1 选择查询"企业"，执行"将查询合并为新查询"命令，打开"合并"对话框，做以下设置，如图9.21所示。
（1）在第二张表中选择"社保所"。
（2）在两张表中都选择"姓名"列做关联。
（3）在"联接种类"下拉列表中选择"内部（仅限匹配行）"。

图9.21 设置"合并"对话框

步骤 2 单击"确定"按钮，就得到如图 9.22 所示的查询结果。

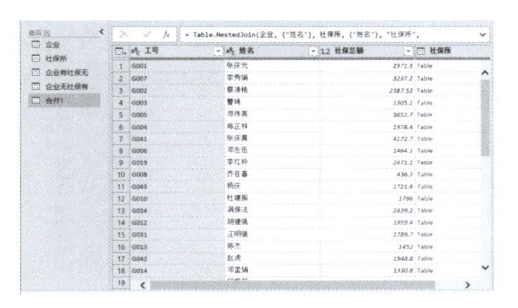

图9.22　查询结果3

步骤 3 单击右侧最后一列"社保所"标题的展开按钮，打开筛选窗格，仅勾选"社保总额"复选框，并取消其他所有选项，如图 9.23 所示。

步骤 4 单击"确定"按钮，就得到如图 9.24 所示的结果。

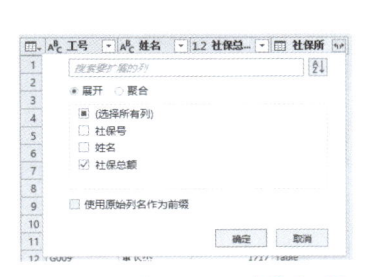

图9.23　勾选"社保总额"复选框 　　图9.24　显示"社保所"表的社保总额

步骤 5 将两个"社保总额"列的标题分别重命名为"企业"和"社保所"，如图 9.25 所示。

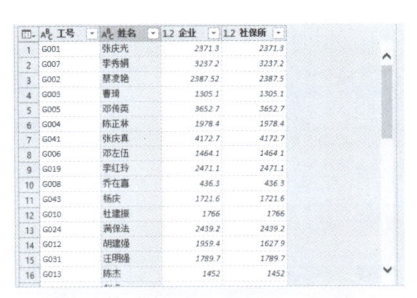

图9.25　重命名两列"社保总额"的标题

步骤 6 执行"添加列"→"自定义列"命令，打开"自定义列"对话框，添加一个自定义列"差异"，并输入以下自定义列公式，如图 9.26 所示。

= [企业] - [社保所]

步骤 7 单击"确定"按钮，得到如图 9.27 所示的结果。

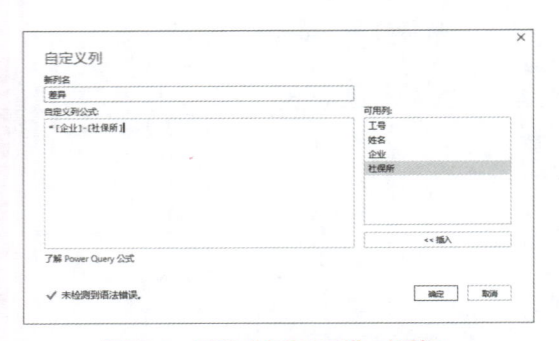

图9.26　设置"自定义列"对话框

图9.27　添加的自定义列"差异"

步骤8 从"差异"列筛选掉所有的数字为0的行，就得到如图9.28所示的结果。

图9.28　筛选掉"企业"和"社保所"金额不一样的数据

步骤9 将默认的查询名"查询1"重命名为"企业社保金额不一样"。

5. 导出数据

步骤1 执行"文件"→"关闭并上载至"命令。打开"导入数据"对话框，选中"仅创建连接"单选按钮，即可将这些查询导出为仅限连接，如图9.29所示，得到5个查询，如图9.30所示。

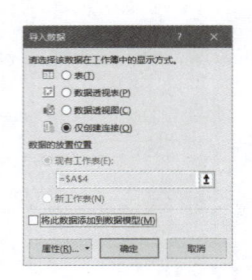

图9.29　加载为仅限连接

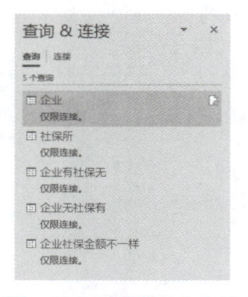

图9.30　创建的5个查询

步骤2 分别右击以上创建的3个核对表，重新将数据加载到Excel工作表中，就得到3个核对表，分别如图9.31～图9.33所示。

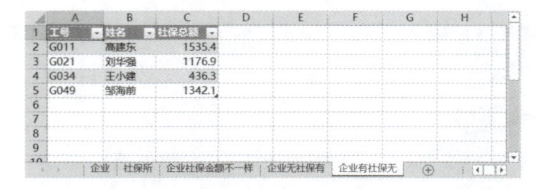

图9.31　"企业有社保无"核对表

图9.32 "企业无社保有"核对表　　　图9.33 "企业社保金额不一样"核对表

9.2.2 需要核对多列数据

案例 9.2 是核对一列数据，但在实际工作中，经常会遇到需要核对多列数据的情况，在 Power Query 中，核对一列数据和核对多列数据的方法基本相同，但也有一些特殊的地方。

案例9.3

图 9.34 所示的两张工作表"企业"和"社保所"，保存的都是员工的各项社保金额，现在要求对每个人的各项社保金额进行核对。

图9.34 两张表格有4列金额要核对

1. 建立查询

首先，执行"从工作簿"命令，分别对两张表格建立查询，如图 9.35 所示。

图9.35 对两张表格建立查询

2. 制作"企业"表中有，但"社保所"表中没有的核对表

这张表格的制作方法与案例 9.2 相应核对表的制作方法完全相同，查询结果如图 9.36 所示。

图9.36 查询结果1

3. 制作"企业"表中无，但"社保所"表中有的核对表

这张表格的制作方法与案例9.2相对应核对表的制作方法完全相同，查询结果如图9.37所示。

图9.37 查询结果2

4. 制作"企业"表和"社保所"表中都有，但数额对不上的核对表

这张核对表的制作方法，其合并查询步骤是基本相同的，查询结果如图9.38所示。

步骤① 单击右侧"社保所"列标题的展开按钮，打开筛选窗格，仅勾选"养老保险""失业保险""医疗保险""社保总额"4个复选框，如图9.39所示。

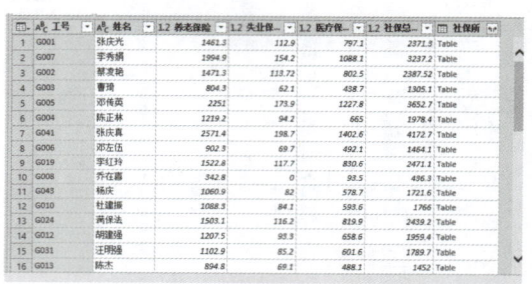

图9.38 初步的合并查询结果 图9.39 勾选4个复选框

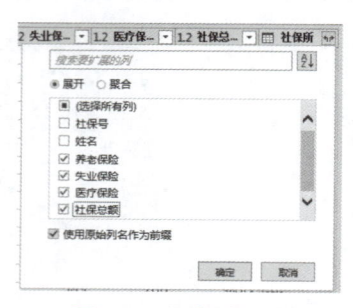

步骤② 把两张表共8列的金额重命名为确切的名称，并删除最前列"工号"。为了使数据计算不出现误差，将这8列涉及金额的数据类型设置为"货币"，最后得到的结果如图9.40所示。

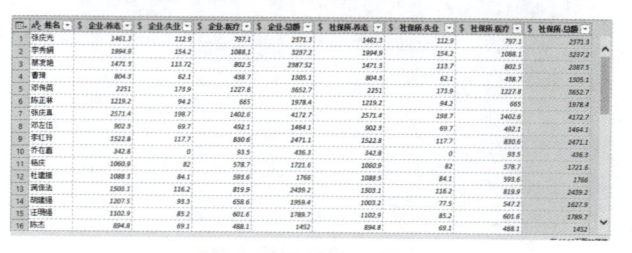

图9.40 重命名列标题

步骤③ 添加4个自定义列，自定义列名称和自定义列公式如下。

（1）自定义列"养老差异"的"自定义列公式"。

=［企业.养老］-［社保所.养老］

（2）自定义列"失业差异"的"自定义列公式"。

=［企业.失业］-［社保所.失业］

（3）自定义列"医疗差异"的"自定义列公式"。

=［企业.医疗］-［社保所.医疗］

（4）自定义列"总额差异"的"自定义列公式"。

= [企业 . 总额] - [社保所 . 总额]

结果如图 9.41 所示（这里已经重新设置了数据类型）。

图9.41　添加4个自定义列并计算同一项目金额的差异

步骤 4　由于社保总额有差异，一定是某个项目有差异，因此在"总额差异"列中筛选出其值不为 0 的员工，如图 9.42 所示。

图9.42　筛选不为0的员工信息

5. 导出数据

步骤 1　执行"文件"→"关闭并上载至"命令，打开"导入数据"对话框，选中"仅创建连接"单选按钮，即可将这些查询导出为仅连接，得到 5 个查询。

步骤 2　分别右击以上创建的 3 个核对表，重新将数据加载到 Excel 工作表中。

9.3　合并查询综合应用2：员工流动分析

在人力资源管理中，经常需要分析员工流动性。例如，本年度新入职员工数、流失员工数等，有的企业每季度都会分析一次员工流动性。本节介绍利用合并查询分析员工流动性的常规方法。

案例9.4

图 9.43 是"年初"和"年末"的两张员工信息表，现在基于这两张工作表对员工的流动性进行分析。

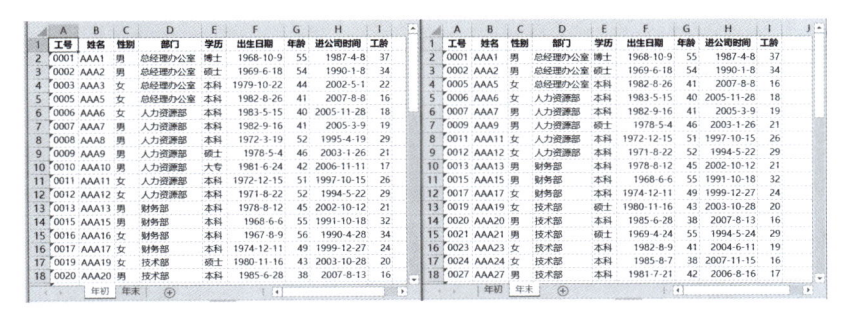

图9.43　"年初"和"年末"的员工信息表

9.3.1 建立基本查询

首先，执行"从工作簿"命令，建立两张表格的查询，如图9.44所示。

注意：需要把这两个查询加载为仅连接。

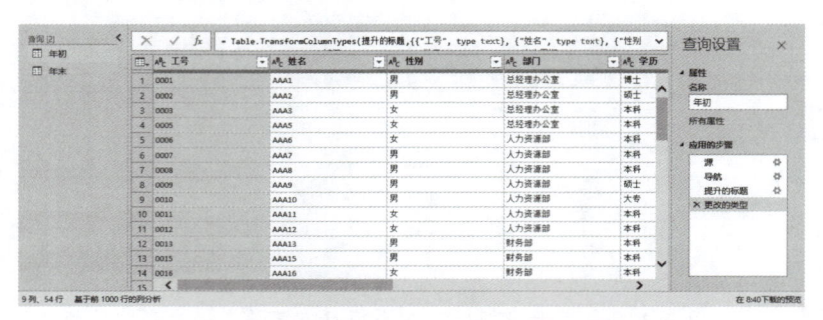

图9.44 建立"年初"和"年末"两个查询

9.3.2 统计本年度在职员工

步骤① 选择"年末"表，执行"合并查询"→"将查询合并为新查询"命令，打开"合并"对话框，设置如图9.45所示，即以两张表共有的"工号"列来关联匹配，"联接种类"选择"内部(仅限匹配行)"。

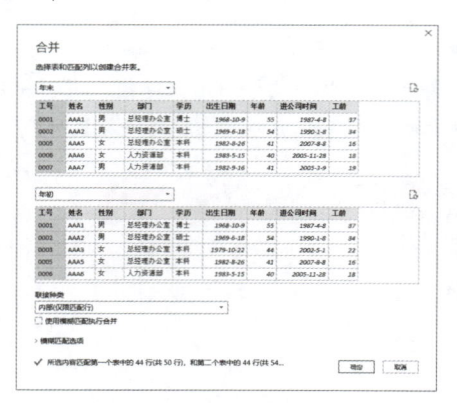

图9.45 设置"合并"对话框

步骤② 单击"确定"按钮，就得到合并查询表"合并1"，如图9.46所示。

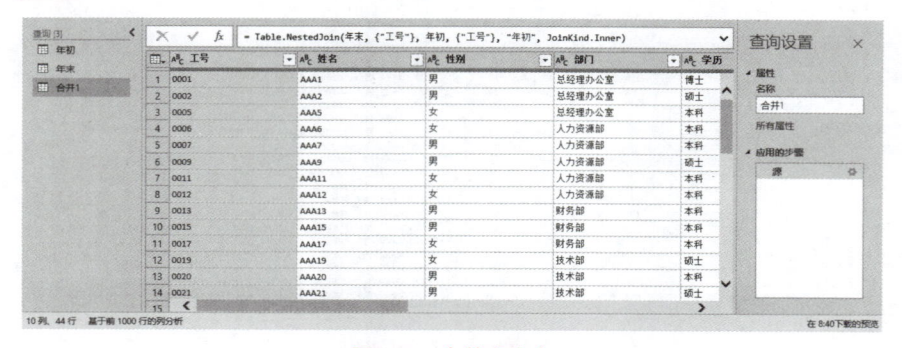

图9.46 合并查询表

因为获取的是本年度在职的员工（"年初"表和"年末"表都存在的员工），并且要获取在职员工最新的信息数据，因此最后一列"年初"没有意义，将这列删除即可。

步骤 3 将默认的查询名称"合并1"重命名为"在职员工"。

说明：如果不删除最后一列的"年初"数据，那么可以分析每个员工在这一年的变化情况，如职位、职称、职级等的变化。感兴趣的读者，可以结合自己企业的实际情况进行分析。

9.3.3 统计本年度离职员工

所谓离职员工，就是"年初"表中有，而"年末"表中没有的数据。

步骤 1 选择"年初"表，执行"合并查询"→"将查询合并为新查询"命令，打开"合并"对话框，设置如图9.47所示，即以两张表共有的"工号"列来关联匹配，"联接种类"选择"左反(仅限第一个中的行)"。

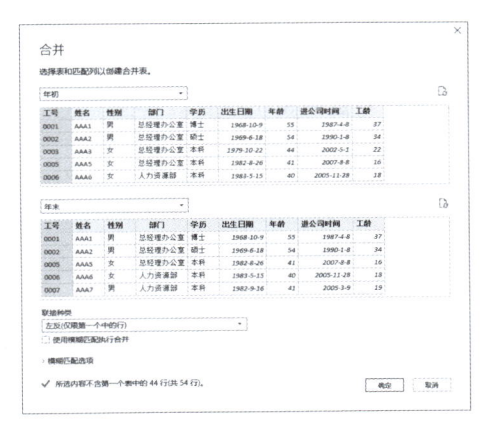

图9.47 设置"合并"对话框

步骤 2 单击"确定"按钮，就得到一个新查询"合并1"，如图9.48所示。

这张表中存放的是在"年初"表中有，而在"年末"表中没有的员工信息，也就是今年的离职员工信息。因此，最后一列"年末"没有用，将其删除。

图9.48 新查询"合并1"

步骤 3 为了能更加清楚地了解离职员工的数量，可以在查询表中插入一个"序号"列。这里可以使用索引列的方法，即插入一个数值从1开始的索引列，然后将索引列标题改为"序号"，并移到最前列，就得到如图9.49所示的结果。

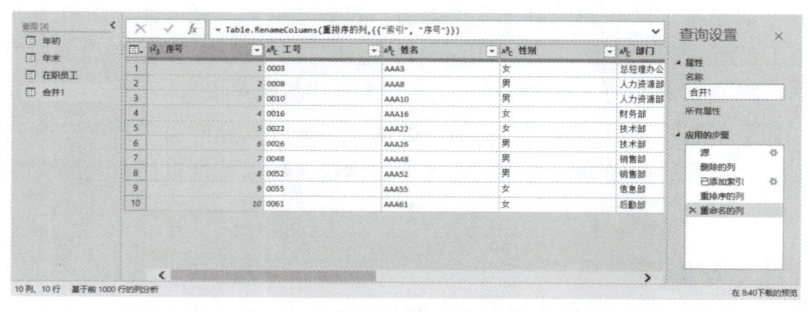

图9.49　添加了序号的离职员工数据

步骤 4　将默认的查询名称"合并1"重命名为"离职员工"。

9.3.4　统计本年度新入职员工

所谓新入职员工，就是"年初"表中没有，而"年末"表中有的员工。新入职员工的信息从"年末"表中获取，通过"工号"与"年初"表进行匹配，从而得到需要的数据。

新入职员工信息的查询方法与离职员工信息的查询方法完全相同，这里不再赘述。图 9.50 是新入职员工的信息查询结果。

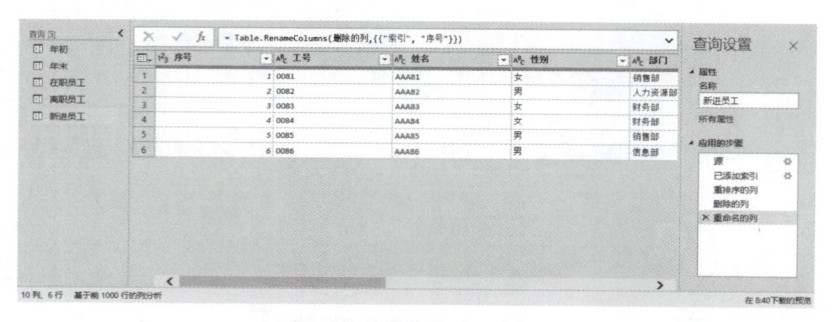

图9.50　新入职员工信息

9.3.5　导出查询结果

将所有的数据合并查询完毕后，再将所有查询加载为仅连接，然后再分别将 3 个合并查询表导出到 Excel 工作表，如图 9.51~图 9.53 所示。

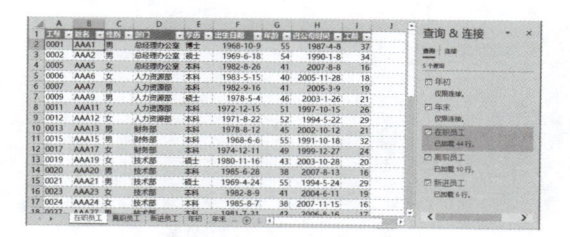

图9.51　在职员工一览表

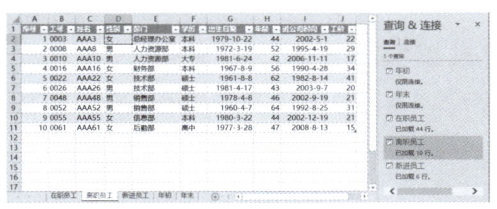

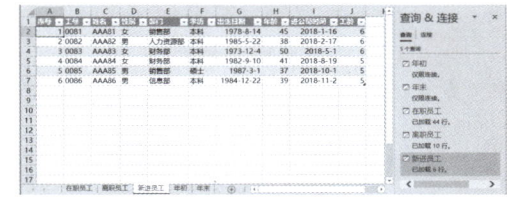

图9.52 离职员工一览表

图9.53 新进员工一览表

9.4 合并查询综合应用3：客户流动分析

销售同比分析，是企业经营分析的重要内容之一。在销售分析中，往往又需要对客户的流动性进行分析。例如，今年与去年相比，流失了多少家客户，新增了多少家客户，存量客户这两年的销售同比出现了什么变化。

案例9.5

图 9.54 是某企业从 ERP 导出的去年和今年的销售数据，现在要求根据这两年的销售数据制作一个存量客户同比分析报告，其中包括流失客户分析、新增客户分析和存量客户分析。

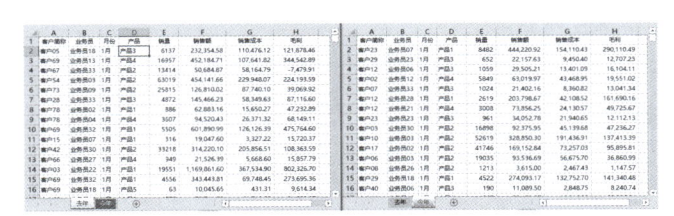

图9.54 两年销售数据

9.4.1 建立基本查询

执行"从工作簿"命令，分别对这两张表格建立查询，如图 9.55 所示。

图9.55 建立两张表格的查询

9.4.2 统计两年存量客户

存量客户的分析稍微复杂些，因为需要从这两年的数据表中提取出在两张工作表中都存在的数据，再根据需要进行对比分析。

详细操作步骤请观看视频。

扫码看视频

141

1. 获取去年存量客户数据

步骤① 选择查询"去年"（或"今年"），执行"合并查询"→"将查询合并为新查询"命令，打开"合并"对话框，以"客户简称"来关联匹配，"联接种类"选择"内部（仅限匹配行）"，如图 9.56 所示。

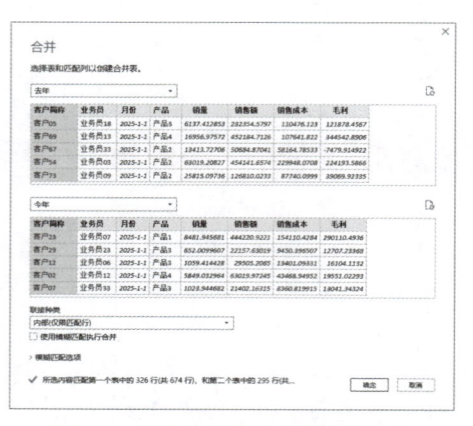

图9.56　匹配去年和今年都有的客户

步骤② 单击"确定"按钮，得到一个新查询"合并1"，内容是这两张表中都存在的存量客户数据，如图 9.57 所示。

图9.57　存量客户数据

步骤③ 如果只需要了解每个客户去年的销售额和毛利，就可以删除其他列，并删除最右侧的"今年"列，得到去年存量客户的销售额和毛利数据，如图 9.58 所示。

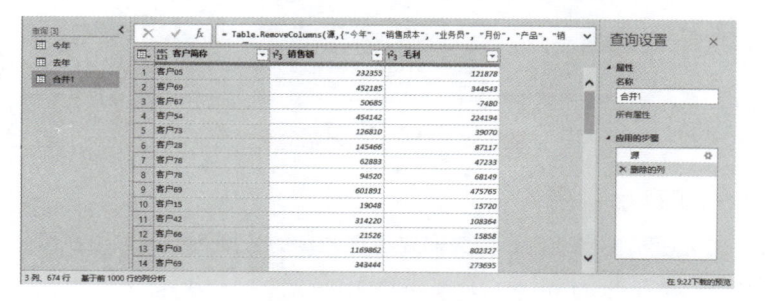

图9.58　保留3列去年的数据

步骤 4 单击"自定义列"命令，打开"自定义列"对话框，为当前的表插入一个自定义列，在"新列名"文本框中输入"年份"，在"自定义列公式"文本框中输入"="去年""，如图9.59所示。

添加这个列的目的，是为了对各年的数据进行说明，由于还要提取今年的存量客户数据，并把两年存量客户数据汇总在一起，因此必须用"年份"列来区分是哪年的数据。

图9.59 添加一个自定义列"年份"并进行设置

步骤 5 将"合并1"重命名为"去年存量"，就完成了去年存量客户数据的提取，如图9.60所示。

图9.60 去年存量客户数据表"去年存量"

2. 获取今年存量客户数据

以"今年"表为第一张表，与"去年"表建立合并查询，获取今年存量客户信息，如图9.61所示。

图9.61 今年存量客户数据表

3. 存量客户两年同比分析

步骤 1 选择查询"去年存量"或"今年存量"，执行"追加查询"→"将合并追加为新查询"命令，打开"追加"对话框，在两个下拉列表中分别选择"去年存量"和"今年存量"，如图9.62所示。

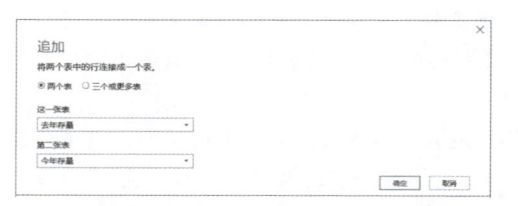

图9.62　将两张表"今年存量"和"去年存量"做追加查询

步骤2 单击"确定"按钮，就将"去年存量"和"今年存量"两张表进行了合并，结果如图9.63所示。

图9.63　得到的两年存量客户的销售数据

步骤3 将默认的查询名称"追加1"重命名为"存量客户分析"。

步骤4 执行"分组依据"命令，打开"分组依据"对话框，选中"高级"单选按钮，添加两个分组依据"客户简称"和"年份"，添加两个聚合新列"销售总额"和"毛利总额"，如图9.64所示。

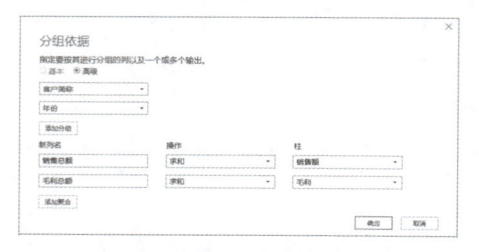

图9.64　按客户和年份进行分组

步骤5 单击"确定"按钮，就得到存量客户两年销售总额和毛利总额报表，如图9.65所示。

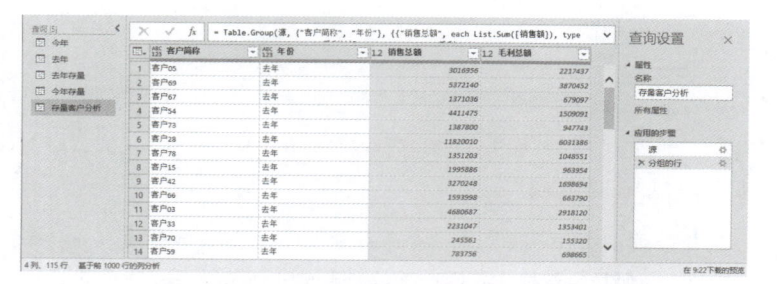

图9.65　得到的存量客户两年的销售总额和毛利总额

步骤 6 如果需要分别对销售总额和毛利总额进行同比分析，可以将"存量客户分析"复制一份，分别重命名为"存量客户销售额分析"和"存量客户毛利分析"，再在每张表上分别保留"销售额"和"毛利"总额，对年份做透视列，最后再插入自定义列，计算这两年的同比增长率，就可以分别得到客户两年销售额和毛利同比分析报表，如图 9.66 和图 9.67 所示。

图9.66　存量客户两年销售额同比分析报表

图9.67　存量客户两年毛利同比分析报表

其实，把两年的存量客户合并到一张表后，也可以直接将这个数据导入到工作表，然后再利用这个数据做透视表，进行各个维度的同比分析。感兴趣的朋友，请自行练习。

9.4.3　统计去年的流失客户

所谓流失客户，就是在去年的销售表中有，但在当年的销售表中没有的客户，可以使用合并查询来快速完成，详细操作步骤请观看视频。流失客户在去年的销售明细表如图 9.68 所示。

图9.68　流失客户销售明细

9.4.4 统计当年新增客户

所谓新增客户，就是在当年的销售表中有，但在去年的销售表中没有的客户。新增客户数据查询与 9.4.3 小节介绍的流失客户查询完全相同，详细操作步骤请观看视频。新增客户在当年的销售明细表如图 9.69 所示。

图9.69 新增客户销售明细

9.4.5 导出查询结果

截止目前，需要的客户流动分析报表都已经制作完成。先将所有查询加载为仅连接，然后再分别将客户分析报表查询导出到 Excel 工作表，如图 9.70 ~ 图 9.73 所示。

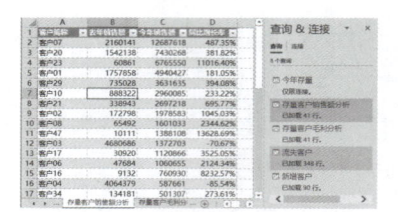

图9.70 存量客户销售额同比分析报表

图9.71 存量客户毛利同比分析报表

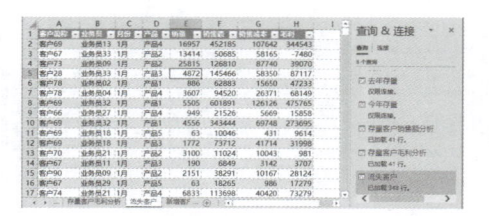

图9.72 流失客户在去年的销售明细

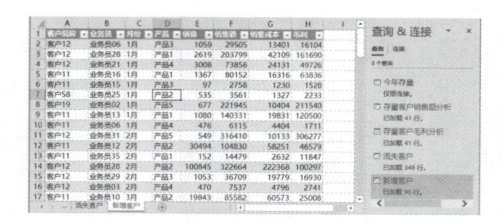

图9.73 新增客户在当年的销售明细

9.5 其他合并问题1：核对总表和明细表

在实际工作中，还会碰到一种合并的问题：一张表是各个项目基本资料列表，另一张表是各个项目的明细数据，现在要求合并这两张表，并按照项目进行汇总。这样的问题，如何解决呢？

案例9.6

图 9.74 有两张表，一张是总表，一张是明细表，现在要求把这两张表按照客户进行合并。

图9.74　总表和明细表

这个问题的核心是，在合并的同时，还要对明细表的客户进行汇总（求和）。下面是合并工作的主要步骤。

步骤 1 建立两张表格的查询，如图 9.75 所示。

步骤 2 选择查询"总表"，执行"合并查询"→"将查询合并为新查询"命令，打开"合并"对话框，第二张表选择"明细表"，以"客户名称"做关联展开，在"联接种类"下拉列表中选择"完全外部"（两者中的所有行），如图 9.76 所示。

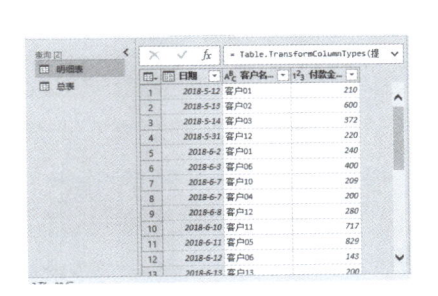

图9.75　建立两张表的查询　　　　图9.76　设置合并查询选项

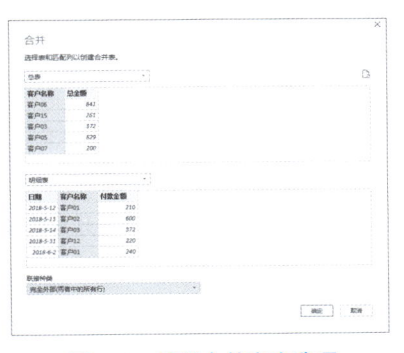

步骤 3 单击"确定"按钮，得到如图 9.77 所示的结果。

步骤 4 展开"明细表"列，选中"聚合"单选按钮，并勾选"∑付款金额的总和"复选框，取消勾选"使用原始列名作为前缀"复选框，如图 9.78 所示。

图9.77　合并的新查询　　　　图9.78　选择"聚合"函数

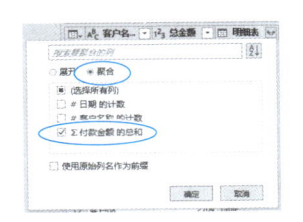

147

步骤 5 单击"确定"按钮,就得到如图 9.79 所示的合并表,其中明细表按照客户进行了求和。

步骤 6 执行"添加列"→"自定义列"命令,打开"自定义列"对话框,如图 9.80 所示,在"新列名"文本框中输入"差异",在"自定义列公式"文本框中输入以下公式:

=[总金额]-[付款金额的总和]

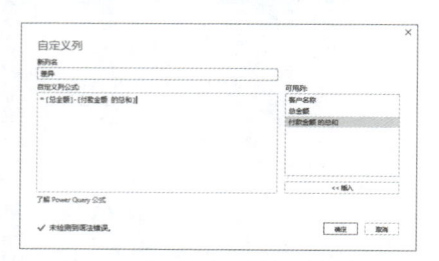

图9.79 把明细表数据按照客户进行了求和

图9.80 添加自定义列"差异"

步骤 7 单击"确定"按钮,得到客户核对表,如图 9.81 所示。

步骤 8 将标题"付款金额的总和"修改为"明细合计",并将数据导出到工作表,就得到两张表格的核对结果表,如图 9.82 所示。

图9.81 得到的合并及核对结果

图9.82 总表和明细表的核对结果

9.6 其他合并问题2:合同跟踪分析

9.5 节介绍的核对总表和明细表,涉及合并查询以及合计汇总的技能,这个技能还可以用在合同跟踪分析中。

案例9.7

图 9.83 ~ 图 9.85 是分别保存合同信息、发票信息和付款信息的表格,现在要从这 3 张表格中查询出已经完成的合同明细表,以及未完成的合同明细表。

所谓已经完成的合同,就是开足票、付足款的合同,也就是合同总额不仅等于开票总额,并且也等于付款总额。

图9.83 合同信息表

图9.84 发票信息表

图9.85 付款信息表

9.6.1 制作已完成合同明细表

在合并查询中，由于可以对另外一个连接表做聚合计算，因此可以利用合并查询完成看起来更加复杂的工作。

下面是具体操作步骤。

步骤 1 建立3张表的查询，如图9.86所示。

注意各列数据类型的设置，"发票号"和"合同号"的数据类型为"文本"，各种金额列的数据类型为"小数"。

步骤 2 选择查询"合同信息"，执行"合并查询"→"将查询合并为新查询"命令，打开"合并"对话框，第二张表选择"发票信息"，两张表以"合同号"关联，展开"联接种类"下拉列表，选择"完全外部（两者中的所有行）"，如图9.87所示。

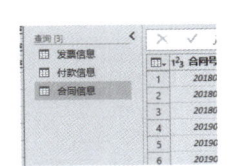

图9.86 建立3张表的查询

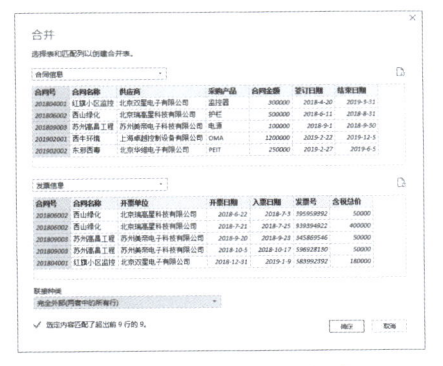

图9.87 设置"合并"对话框

步骤 3 单击"确定"按钮，得到如图9.88所示的结果。

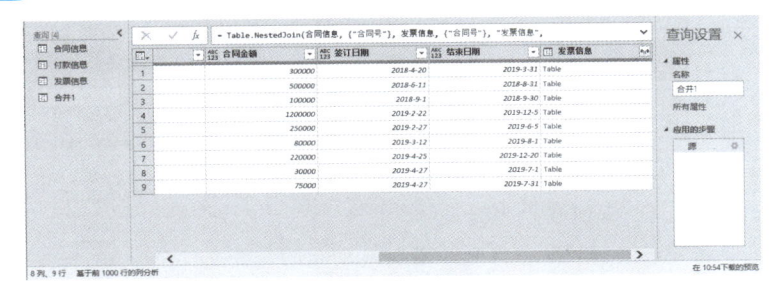

图9.88 合并的新查询

步骤 4 展开"发票信息"列，选中"聚合"单选按钮，并勾选"∑含税总价的总和"复选框，另外取消勾选"使用原始列名作为前缀"复选框，如图9.89所示。

149

步骤 5 单击"确定"按钮,就得到如图 9.90 所示的合并表,其中最后一列"含税总价的总和"就是每个合同的发票总金额。

图9.89 选择"聚合"函数1

图9.90 按"合同号"汇总"含税总价"

步骤 6 选择刚创建的新查询"合并1",执行"合并查询"命令,打开"合并"对话框,第二张表选择"付款信息",两张表以"合同号"关联,展开"联接种类"下拉列表,选择"完全外部(两者中的所有行)",如图 9.91 所示。

图9.91 设置"合并"对话框

步骤 7 单击"确定"按钮,得到如图 9.92 的结果。

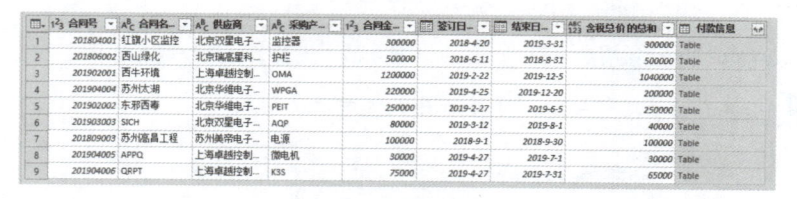

图9.92 合并的新查询

步骤 8 展开"付款信息"列,选中"聚合"单选按钮,并勾选"∑付款金额的总和"复选框,另外取消勾选"使用原始列名作为前缀"复选框,如图 9.93 所示。

步骤 9 单击"确定"按钮,得到如图 9.94 所示的合并表,其中最后一列"付款金额的总和"就是每个合同的付款总金额。

图9.93 选择"聚合"函数2

	合同号	合同名...	供应商	采购产...	合同金...	签订日...	结束日...	含税总价的总和	付款金额的总和
1	201804001	红旗小区监控	北京双星电子...	监控器	300000	2018-4-20	2019-3-31	300000	300000
2	201806002	西山绿化	北京瑞星星料...	护栏	500000	2018-6-11	2018-8-31	500000	500000
3	201902001	西牛环境	上海卓越控制...	OMA	1200000	2019-2-22	2019-12-5	1040000	240000
4	201904004	苏州太湖	北京华维电子...	WPGA	220000	2019-4-25	2019-12-20	200000	80000
5	201902002	东郊西寡	北京华维电子...	PEIT	250000	2019-2-27	2019-6-5	250000	250000
6	201903003	SICH	北京双星电子...	AQP	80000	2019-3-12	2019-8-1	40000	40000
7	201809003	苏州德昌工程	苏州美帝电子...	电源	100000	2018-9-1	2018-9-30	100000	null
8	201904005	APPQ	上海卓越控制...	微电机	30000	2019-4-27	2019-7-1	30000	null
9	201904006	QRPT	上海卓越控制...	K3S	75000	2019-4-27	2019-7-31	65000	null

图9.94 按"合同号"汇总"付款金额"

步骤 10 把最后两列的列标题分别修改为"发票总额"和"付款总额",如图 9.95 所示。

	合同号	合同名...	供应商	采购产...	合同金...	签订日...	结束日...	发票总额	付款总额
1	201804001	红旗小区监控	北京双星电子...	监控器	300000	2018-4-20	2019-3-31	300000	300000
2	201806002	西山绿化	北京瑞星星料...	护栏	500000	2018-6-11	2018-8-31	500000	500000
3	201902001	西牛环境	上海卓越控制...	OMA	1200000	2019-2-22	2019-12-5	1040000	240000
4	201904004	苏州太湖	北京华维电子...	WPGA	220000	2019-4-25	2019-12-20	200000	80000
5	201902002	东郊西寡	北京华维电子...	PEIT	250000	2019-2-27	2019-6-5	250000	250000
6	201903003	SICH	北京双星电子...	AQP	80000	2019-3-12	2019-8-1	40000	40000
7	201809003	苏州德昌工程	苏州美帝电子...	电源	100000	2018-9-1	2018-9-30	100000	null
8	201904005	APPQ	上海卓越控制...	微电机	30000	2019-4-27	2019-7-1	30000	null
9	201904006	QRPT	上海卓越控制...	K3S	75000	2019-4-27	2019-7-31	65000	null

图9.95 修改最后两列的标题

步骤 11 执行"添加列"→"自定义列"命令,打开"自定义列"对话框,在"新列名"文本框中输入"已完成",并在"自定义列公式"输入以下公式,如图 9.96 所示。

= if [合同金额]=[发票总额] and [合同金额]=[付款总额] then "y" else ""

图9.96 添加自定义列"已完成"并输入自定义公式

步骤 12 单击"确定"按钮,就得到如图 9.97 所示的表。

	合同号	合同名...	供应商	采购产...	合同金...	签订日...	结束日...	发票总额	付款总额	已完成
1	201804001	红旗小区监控	北京双星电子...	监控器	300000	2018-4-20	2019-3-31	300000	300000	y
2	201806002	西山绿化	北京瑞星星料...	护栏	500000	2018-6-11	2018-8-31	500000	500000	y
3	201902001	西牛环境	上海卓越控制...	OMA	1200000	2019-2-22	2019-12-5	1040000	240000	
4	201904004	苏州太湖	北京华维电子...	WPGA	220000	2019-4-25	2019-12-20	200000	80000	
5	201902002	东郊西寡	北京华维电子...	PEIT	250000	2019-2-27	2019-6-5	250000	250000	y
6	201903003	SICH	北京双星电子...	AQP	80000	2019-3-12	2019-8-1	40000	40000	
7	201809003	苏州德昌工程	苏州美帝电子...	电源	100000	2018-9-1	2018-9-30	100000	null	
8	201904005	APPQ	上海卓越控制...	微电机	30000	2019-4-27	2019-7-1	30000	null	
9	201904006	QRPT	上海卓越控制...	K3S	75000	2019-4-27	2019-7-31	65000	null	

图9.97 添加自定义列"已完成"后的表

步骤 13 从"已完成"列中筛选值为 y 的合同,如图 9.98 所示。

	合同号	合同名...	供应商	采购产...	合同金...	签订日...	结束日...	发票总额	付款总额	已完成
1	201804001	红旗小区监控	北京双星电子...	监控器	300000	2018-4-20	2019-3-31	300000	300000	y
2	201806002	西山绿化	北京瑞星星料...	护栏	500000	2018-6-11	2018-8-31	500000	500000	y
3	201902002	东郊西寡	北京华维电子...	PEIT	250000	2019-2-27	2019-6-5	250000	250000	y

图9.98 从"已完成"列中筛选值为y的合同

步骤 14 将查询加载到工作表，即可得到已完成合同明细表。

9.6.2 制作未完成合同明细表

所谓未完成合同，就是合同额不等于开票额，或者合同额不等于付款额，又或者开票额不等于付款额。要制作未完成的合同明细表，可以在 9.6.1 小节的合并查询的基础上进行调整即可。

步骤 1 将如图 9.95 所示的合并查询复制一份，重命名为"未完成合同"。

步骤 2 打开复制的查询"未完成合同"。

步骤 3 重新从自定义列"已完成"中筛选出为空值的合同，就得到了未完成合同表，如图 9.99 所示。

图9.99 未完成合同表

步骤 4 将查询加载到工作表，即可得到未完成合同明细表。

第10章 查询分组统计

Power Query 不仅仅可以从数据库（数据表）中查询满足条件的数据、添加需要的列，还可以在查询的同时，按字段进行分组汇总，这样，就可以得到一个基本的汇总表，这种分组汇总表，在大数据中是非常有用的。

执行"开始"→"分组依据"命令，如图 10.1 所示；打开"分组依据"对话框，如图 10.2 所示。在此对话框中，可以根据实际需要，对数据进行分组统计的设置。

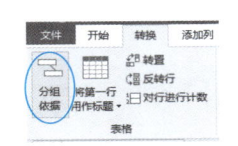

图10.1 "分组依据"命令

图10.2 "分组依据"对话框

10.1 基本分组

在如图 10.2 所示的"分组依据"对话框中，可以指定分组所依据的字段以及分组操作。如图 10.3 所示，这些分组操作的类型如下。

- 求和：对指定列的各个项目求和。
- 平均值：对指定列的各个项目求平均值。
- 中值：对指定列的各个项目求中值。
- 最小值：对指定列的各个项目求最小值。
- 最大值：对指定列的各个项目求最大值。
- 对行进行计数：统计指定列的总行数（包括重复行数据）。
- 非重复行计数：计算指定列的每个项目的非重复行的个数。
- 所有行：将指定列的所有数据行收缩到 Table。

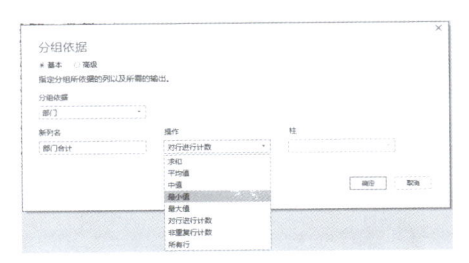

图10.3 分组操作的类型

10.1.1 对项目求和

案例10.1

图10.4是一个销售明细表，现在要求对每个客户的销售额进行汇总。

图10.4 销售明细表

汇总每个客户的总销售额，具体操作步骤如下。

步骤① 选择"客户简称"列，选择"分组依据"命令，打开"分组依据"对话框。

步骤② 在"分组依据"下拉列表中选择"客户简称"，如图10.5所示。

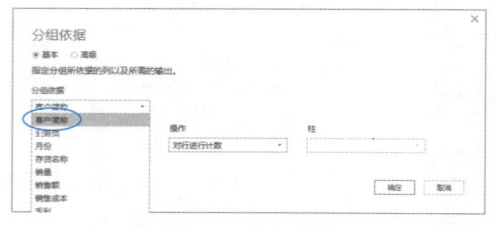

图10.5 在"分组依据"下拉列表中选择"客户简称"

步骤③ 在"新列名"文本框中输入"销售总额"，如图10.6所示。

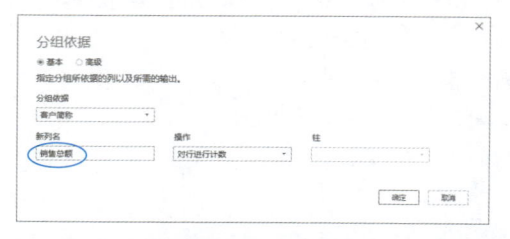

图10.6 在"新列名"文本框中输入"销售总额"

步骤④ 在"操作"下拉列表中选择"求和"，如图10.7所示。

图10.7 选择汇总方式"求和"

步骤 5 在"值"下拉列表中选择"销售额",如图 10.8 所示。

图10.8　选择汇总计算字段"销售额"

设置好的"分组依据"对话框如图 10.9 所示。

图10.9　设置好的"分组依据"对话框

步骤 6 单击"确定"按钮,就得到如图 10.10 所示的汇总结果。

如果要对每个业务员的销售额进行汇总,就在"分组依据"下拉列表中选择"业务员",其他设置与上面相同,就可得到如图 10.11 所示的结果。

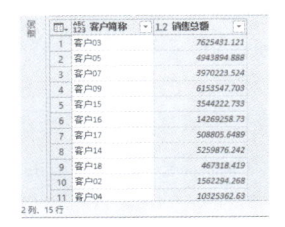

图10.10　每个客户的销售总额　　　　图10.11　每个业务员的销售总额

10.1.2　对项目求平均值、最大值和最小值

案例10.2

图 10.12 是一个员工工资表,现在要计算每个部门的平均工资。

图10.12　员工工资表

155

打开"分组依据"对话框，做如图10.13所示的设置，即可得到每个部门的平均工资，如图10.14所示。这里已经对汇总后的"平均工资"进行了四舍五入。

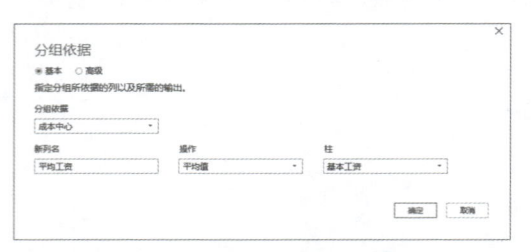

图10.13　设置"分组依据"对话框

图10.14　每个部门的平均工资

如果要对每个部门计算最高工资、最低工资等，方法与上面的操作相同，这里不再介绍。

10.1.3　对项目计数：含重复和不含重复

对项目进行计数，有两种方式：包含重复数据行的总数目和剔除重复数据行后的总数目。下面结合案例进行介绍。

案例10.3

图10.15是一个包含重复数据行的原始数据表。现在要求统计每个项目出现的次数（个数）。

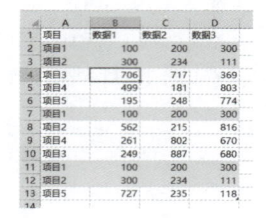

图10.15　原始数据表

打开"分组依据"对话框，如图10.16所示，这里在"操作"下拉列表中选择的是"对行进行计数"，就得到如图10.17所示的结果。

可以看到，项目1的统计结果是3，即在原始数据表中，有3行项目1；项目2的统计结果是3，即在原始数据表中，项目2有3行。

图10.16　设置"分组依据"对话框1

图10.17　每个项目个数的统计结果（包含重复数据）

如果在"分组依据"对话框中，在"操作"下拉列表中选择的是"非重复行计数"，如图10.18所示，那么就会得到如图10.19所示的结果。

可以看到，项目 1 的统计结果是 1，即在原始数据表，有 3 行项目 1，其中两行为重复的数据，剔除这两行后，不重复的项目 1 只有 1 行；项目 2 的计数结果是 2，即在原始数据表中，有 3 行项目 2，其中有一行为重复数据，剔除这行后，不重复的项目 2 只有 2 行。

图10.18　设置"分组依据"对话框2

图10.19　每个项目个数的统计结果（剔除了重复数据）

10.2　高级分组

选中"分组依据"对话框上的"高级"单选按钮，如图 10.20 所示，展开"分组依据"对话框，就可以建立多项目分组统计，可以对不同的项目做不同的汇总计算。

图10.20　在"分组依据"对话框中选中"高级"单选按钮

10.2.1　同时进行计数与求和

案例10.4

在案例 10.1 的示例数据中（图 10.4），计算每个客户的订单数和销售总额，其具体操作步骤如下。

步骤 1　打开"分组依据"对话框，并选中"高级"单选按钮，设置第一个分组。

步骤 2　在"分组依据"下拉列表中选择"客户简称"，在"新列名"文本框中输入"订单数"，并在"操作"下拉列表中选择"对行进行计数"，如图 10.21 所示。

图10.21　设置"分组依据"对话框1

步骤 3 单击"添加聚合"按钮,设置第二个分组,在"新列名"文本框中输入"销售总额",在"操作"下拉列表中选择"求和",在"值"下拉列表中选择"销售额",如图 10.22 所示。

步骤 4 单击"确定"按钮,就得到如图 10.23 所示的结果。这里,已经对"销售总额"进行了四舍五入。

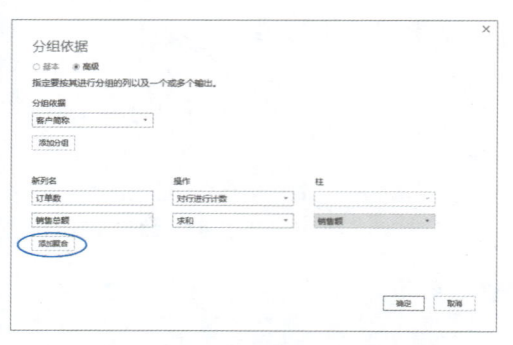

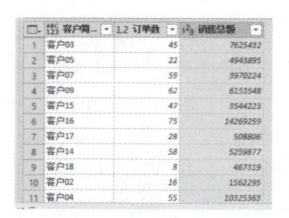

图10.22 设置"分组依据"对话框2 　　图10.23 每个客户的订单数及销售总额报表

10.2.2 同时进行计数、平均值、最大值和最小值

案例10.5

在案例 10.2 的示例数据中(图 10.12),如果要得到每个部门的人数、人均工资、最高工资和最低工资,应该如何做呢?其具体操作步骤如下。

步骤 1 打开"分组依据"对话框,选中"高级"单选按钮,设置第一个分组:统计人数。

步骤 2 在"分组依据"下拉列表中选择"成本中心",在"新列名"文本框中输入"人数",并在"操作"下拉列表中选择"对行进行计数",如图 10.24 所示。

步骤 3 单击"添加聚合"按钮,设置第二个分组:计算人均工资。在"新列名"文本框中输入"人均工资",在"操作"下拉列表中选择"平均值",在"值"下拉列表中选择"基本工资",如图 10.25 所示。

图10.24 设置"分组依据"对话框1 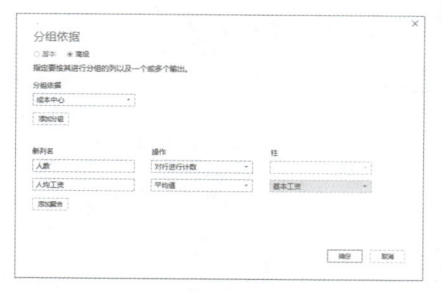 　　图10.25 设置"分组依据"对话框2

步骤 4 单击"添加聚合"按钮,设置第三个分组:计算最高工资。在"新列名"文本框中输入"最高工资",在"操作"下拉表中选择"最大值",在"值"下拉列表中选择"基本工资",如图 10.26 所示。

步骤 5 单击"添加聚合"按钮，设置第四个分组：计算最低工资。在"新列名"文本框中输入"最低工资"，在"操作"下拉表中选择"最小值"，在"值"下拉列表中选择"基本工资"，如图 10.27 所示。

图10.26　设置"分组依据"对话框3 　　图10.27　设置"分组依据"对话框4

步骤 6 单击"确定"按钮，就得到如图 10.28 所示的结果。这里，已经对最低工资、最高工资和人均工资进行了四舍五入。

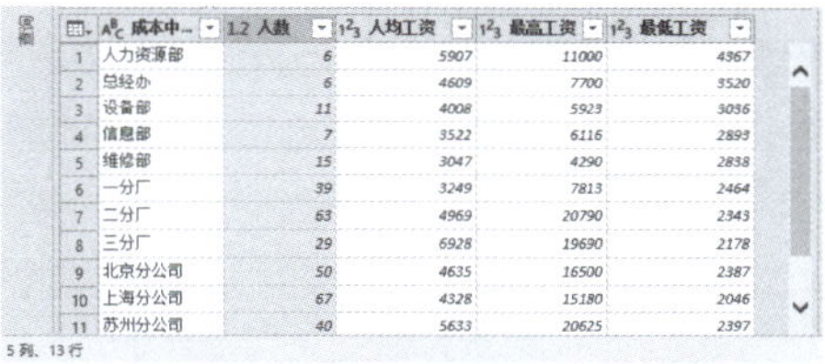

图10.28　每个部门的人数、人均工资、最低工资和最高工资

10.2.3　对多个字段进行不同的分组

前面介绍的是对一个字段进行分组，也可以对不同的字段进行分组，如果再结合透视列，就可以得到一个多维汇总报表。

案例10.6

在案例 10.1 所示的销售数据（图 10.4）中，如果要统计每个客户、每个月的销售额，则具体步骤如下。

步骤 1 打开"分组依据"对话框，选中"高级"单选按钮，添加两个分组依据。

步骤 2 在"分组依据"下拉列表中选择"客户简称"，然后单击"添加分组"按钮，出现第二个"分组依据"，选择"月份"，如图 10.29 所示。

步骤 3 在"新列名"文本框中输入"销售总额"，并在"操作"下拉列表中选择"求和"，在"值"下拉列表中选择"销售额"，如图 10.30 所示。

图10.29　设置"分组依据"对话框1 　　图10.30　设置"分组依据"对话框2

步骤 4 单击"确定"按钮,就得到如图10.31所示的结果。

步骤 5 选择"月份"列,执行"转换"→"透视列"命令,打开"透视列"对话框,在"值列"下拉列表中选择"销售总额",如图10.32所示。

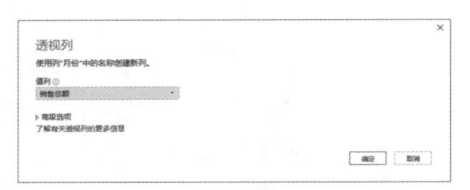

图10.31 每个客户、每个月的销售总额　　　　图10.32 对"月份"列进行透视

步骤 6 单击"确定"按钮,就得到如图10.33所示的每个客户、每个月销售额二维汇总表。

图10.33 每个客户、每个月销售额二维汇总表

在这个汇总表中,如果某个客户某个月没有数据,单元格的值为null,则表示没有数据。此时,根据实际需要,可以使用"替换值"的方法将null替换为0,如图10.34所示。

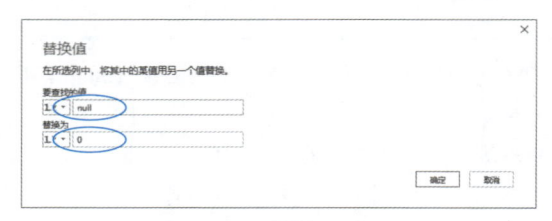

图10.34 将null替换为数字0

10.2.4 删除某个分组

如果不想保留某个分组了,可以将其删除,其方法是单击某个分组条右侧的···按钮,展开子菜单,执行"删除"命令即可,如图10.35所示。

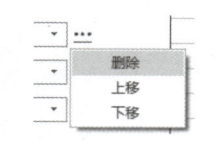

图10.35 单击···按钮展开子菜单

10.2.5 调整各个分组的次序

如果要调整各个分组的次序,可以单击某个分组条右侧的···按钮,展开子菜单,执行"上移"或"下移"命令即可(图10.35)。

当然，也可以不管这里的次序，而在编辑器中调整各列的左右次序。

10.3 综合应用：考勤数据统计分析

下面介绍一个考勤数据统计分析的案例，本案例综合运用了前面各章介绍的相关技能以及本章介绍的分组计算技能。

案例10.7

图 10.36 的左侧是一个原始刷卡考勤数据表，每个人每天都有多次刷卡数据，现在要求将其整理为右侧的表单。

图10.36 原始刷卡考勤数据和需要整理的结果

步骤1 创建查询，如图 10.37 所示。

注意：要删除自动生成的步骤"更改的类型"。

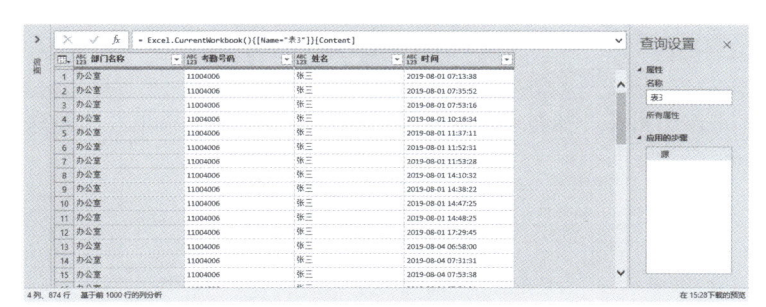

图10.37 创建查询

步骤2 选择最右侧的"时间"列，使用分隔符（空格）拆分列，如图 10.38 所示。

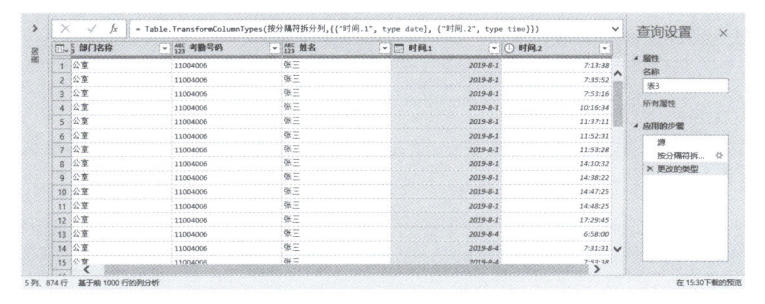

图10.38 按分隔符拆分"时间"列

步骤③ 修改列标题，将"时间.1"修改为"日期"，将"时间.2"修改为"时间"，如图10.39所示。

图10.39 修改列标题

步骤④ 执行"主页"→"分组依据"命令，建立分组，如图10.40所示。

图10.40 建立分组

步骤⑤ 单击"确定"按钮，就得到了每个人每天的最早打卡时间和最晚打卡时间，如图10.41所示。

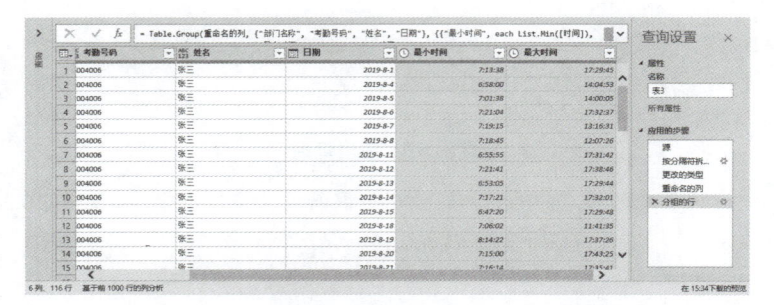

图10.41 每个人每天的最早打卡时间和最晚打卡时间

步骤⑥ 添加自定义列，"新列名"为签到时间；"自定义列公式"需要从"最小时间"判断"签到时间"，从"最大时间"判断"签退时间"。这里，假设"签到时间"和"签退时间"的分界线是13点。自定义列"签到时间"的计算判断公式如下，如图10.42所示。

```
= if [最小时间]<#time(13,0,0) then [最小时间] else if [最小时间]<[最大时间] then [最小时间] else "未签到"
```

自定义列"签退时间"的计算判断公式如下，如图 10.43 所示。

= if [最大时间]>=#time(13,0,0) then [最大时间] else if [最大时间]>[最小时间] then [最大时间] else "未签退"

图10.42　自定义列"签到时间"　　　　图10.43　自定义列"签退时间"

这样，就得到了"签到时间"和"签退时间"，如图 10.44 所示。

图10.44　得到的"签到时间"和"签退时间"

步骤 7　删除"最小时间"列和"最大时间"列，得到需要的考勤数据，如图 10.45 所示。

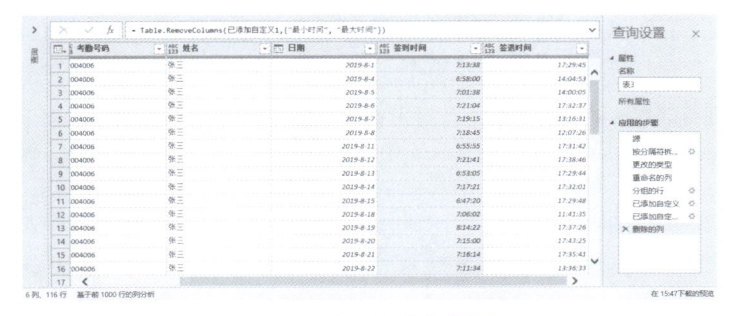

图10.45　整理好的考勤数据

步骤 8　将数据导出到 Excel 工作表，以备进一步处理分析。

第11章
数据查询综合应用

数据查询实际上就是基本的表筛选功能，无论是从一列中筛选数据，还是从多列中筛选数据；无论是单条件筛选，还是多条件筛选，都可以在编辑器中进行。

如果要从多张表格中查询数据，那么先要对这些表格进行汇总，然后再筛选。

利用 Power Query 查询数据的最大好处是可以在不打开工作簿、文本文件或数据的情况下，把满足条件的数据抓取出来，甚至可以轻而易举地从多个工作簿的多张表格中抓取数据。

本节结合几个案例来复习巩固数据查询技能和技巧。

11.1　从Excel工作表查询数据

11.1.1　从指定工作表查询满足条件的数据

无论是从当前工作簿的某张工作表查询，还是从其他工作簿的某张工作表查询，或者从其他数据源表中查询，要做的第一步是建立指定工作表的查询，然后在"Power Query 编辑器"窗口中筛选指定条件的数据。

案例11.1

图 11.1 是 Excel "门店报表.xlsx"工作簿，门店销售数据保存在工作表"门店销售"中。

现在要在不打开该工作簿的情况下，将"销售额"在 10 万元以上、"完成率"在 60% 以上的数据筛选出来，仅需要"城市""店名""销售额""完成率"和"毛利率" 5 列数据，并按"销售额"从大到小排序。

步骤 1 执行"从工作簿"命令，打开"导航器"对话框，选择"门店销售"表，如图 11.2 所示。

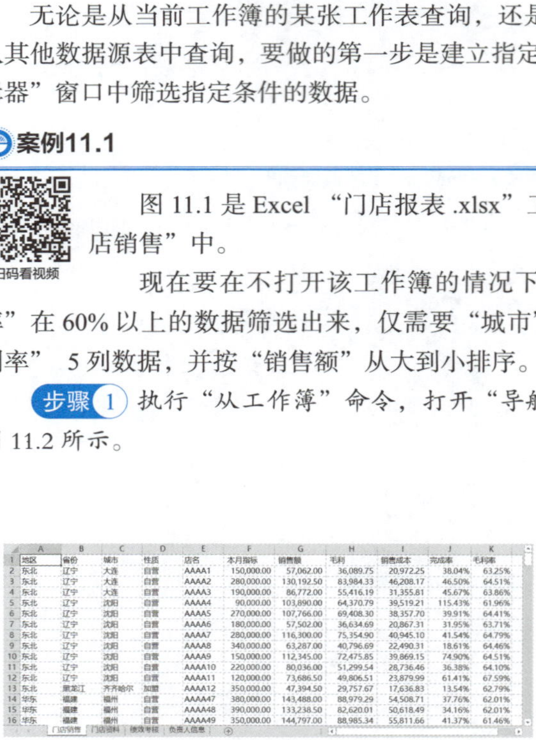

图11.1　工作簿"门店报表.xlsx" 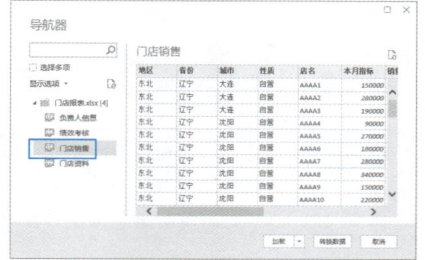　　图11.2　选择要查询数据的"门店销售"表

步骤 2 单击"转换数据"按钮，打开"Power Query 编辑器"窗口，如图 11.3 所示。

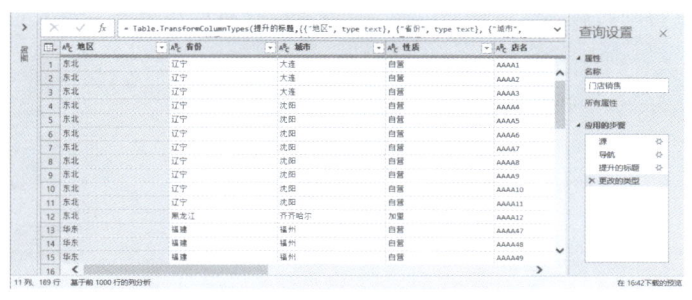

图11.3 "Power Query编辑器"窗口

步骤③ 保留"城市""店名""销售额""完成率"和"毛利率"5列，删除其他列，如图11.4所示。

图11.4 删除不需要的列

步骤④ 执行"销售额"→"数字筛选器"→"大于"→100000命令，如图11.5和图11.6所示。

图11.5 "销售额"命令

图11.6 输入100000

步骤⑤ 在"完成率"列中筛选大于0.6的数据，如图11.7和图11.8所示。

图11.7 "完成率"命令

图11.8 输入0.6

第11章 数据查询综合应用

165

步骤 6 在得到的筛选结果表中，按"销售额"进行降序排序，如图 11.9 所示。

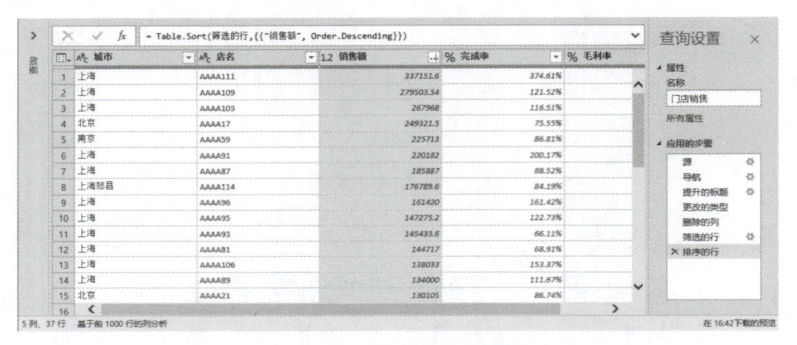

图11.9　按"销售额"降序排序

步骤 7 将查询结果导出到工作表，如图 11.10 所示。

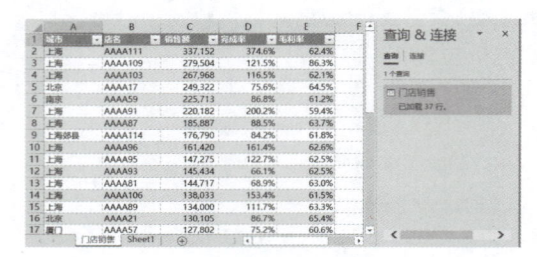

图11.10　导出查询结果

11.1.2　从多张工作表查询满足条件的数据

如果要从工作簿的多张工作表中查询满足条件的数据，使用一般的方法会比较复杂，但是使用 Power Query 就非常简单了。

案例11.2

图 11.11 是"业务部销售合同 .xlsx"工作簿的 4 张工作表，分别保存 4 个业务部的合同明细数据。现在要求在不打开该工作簿的情况下，把各个业务部在 2024 年第一季度签订的、合同金额在 40 万元以上的合同查找出来，并保存为一个新的工作簿。

图11.11　4个业务部的合同表

步骤 1 执行"从工作簿"命令，汇总这 4 张工作表，具体方法前面各章节已经讲解过多次，此处不再叙述。得到的合并查询表如图 11.12 所示。

图11.12 汇总4张工作表

步骤 2 在"签订日期"列中筛选"介于"两个日期（2024-1-1 至 2024-3-31）之间的数据，如图 11.13 和图 11.14 所示。

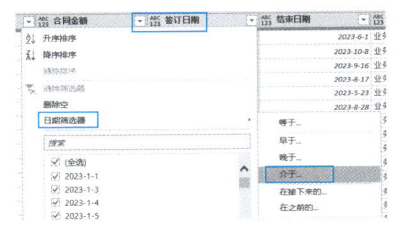

图11.13 "签订日期"命令　　　　图11.14 设置日期的介于条件

步骤 3 在"合同金额"列中筛选大于 400000 的数据，如图 11.15 所示。

图11.15 筛选"合同金额"大于400000的数据

最终就可得到满足条件的查询结果，如图 11.16 所示。

图11.16 从汇总表中筛选的结果

步骤 4 将查询结果导出到当前新工作簿中即可。

167

11.1.3　从多张关联工作表查询满足条件的数据

如果要从当前工作簿的多张关联工作表中查询满足条件的数据，可以先使用合并查询工具进行合并，再筛选满足条件的数据。

案例11.3

图 11.17 是"库存数据.xlsx"工作簿，其中有两张工作表"入库明细"和"物料类别"，现在要求将"物料类别"表中是"主材"的入库明细筛选出来，并将筛选结果保存到新工作簿中。

"物料类别"是根据"物料代码"的前 4 位字符确定的。

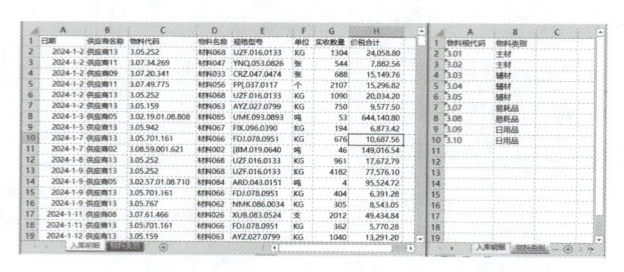

图11.17　"库存数据.xlsx"工作簿

步骤1　执行"从工作簿"命令，打开"导航器"对话框，勾选"入库明细"和"物料类别"两张工作表，如图 11.18 所示。

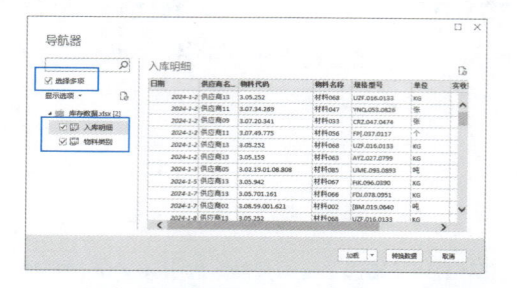

图11.18　勾选"入库明细"和"物料类别"两张工作表

步骤2　单击"转换数据"，打开"Power Query 编辑器"窗口，如图 11.19 所示。

注意：要检查每张工作表，设置某些列的数据类型。例如，要将"物料类别"表中的"物料代码"列的数据类型设置为"文本"。

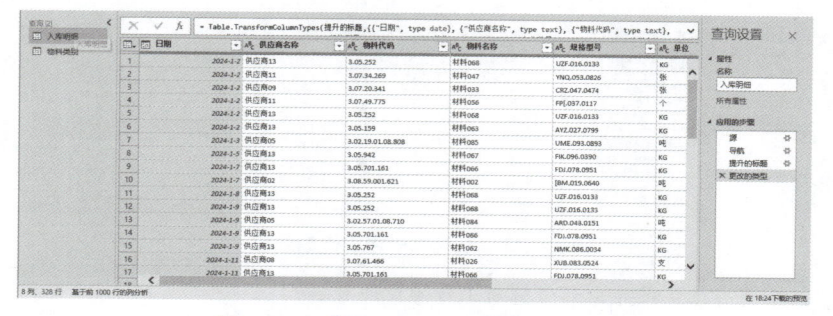

图11.19　"Power Query 编辑器"窗口

步骤 3 选择"入库明细"表的"物料代码"列，执行"添加"→"提取"→"首字符"命令，将"计数"设置为 4，如图 11.20 所示，单击"确定"按钮，即可为该表添加一个新列"物料根代码"，如图 11.21 所示。

图 11.20 提取"物料编码"的首位 4 个字符 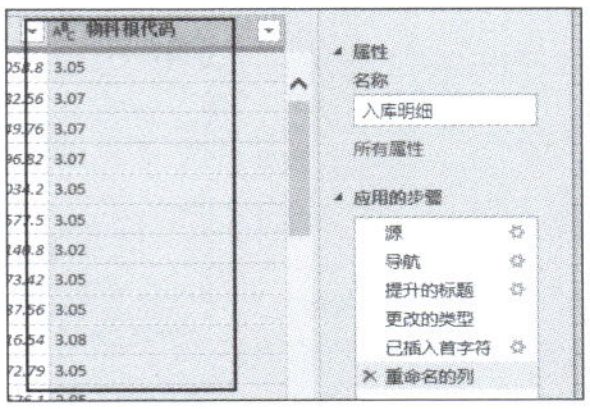　　　　图 11.21 添加"物料根代码"列

步骤 4 执行"合并查询"→"将查询合并为新查询"命令，打开"合并"对话框，设置两张表的合并选项，如图 11.22 所示，单击"确定"按钮，就得到新查询"合并1"，如图 11.23 所示。

图 11.22 设置两张表的合并 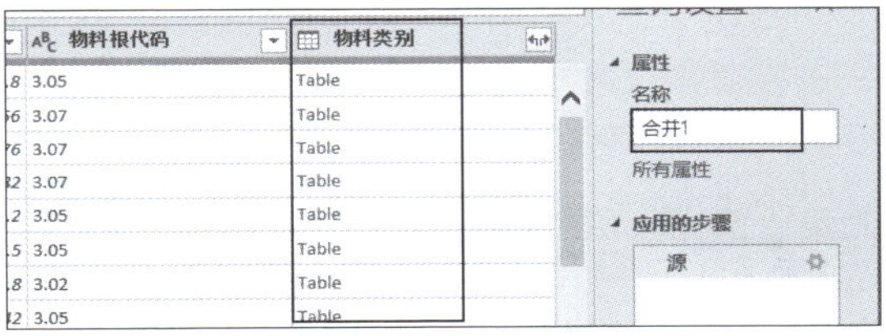　　　　图 11.23 新查询"合并1"

步骤 5 展开新列"物料类别"，勾选"物料类别"复选框，并取消勾选其他复选框，如图 11.24 所示，在合并表中得到新列"物料类别.1"，如图 11.25 所示。

图 11.24 勾选"物料类别"复选框 　　　　图 11.25 合并表的"物料类别.1"列

步骤 6 将"物料类别.1"列名称修改为"物料类别"，然后打开筛选窗格，勾选"主材"复选框，如图 11.26 所示，就得到主材的入库明细数据，如图 11.27 所示。

图11.26 选择"主材"　　　　图11.27 主材入库明细数据

步骤 7 将查询"合并1"重命名为"主材入库明细",删除"物料根代码"列,如图11.28所示。

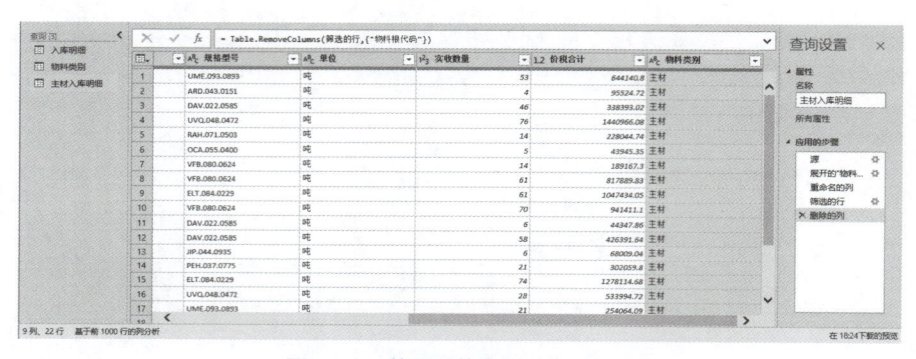

图11.28 整理后的主材入库明细表

步骤 8 执行"文件"→"关闭并上载至"命令,将所有查询导出为仅连接,得到查询连接,如图11.29所示。

步骤 9 单独将"主材入库明细"查询导出到当前工作簿中,如图11.30所示。

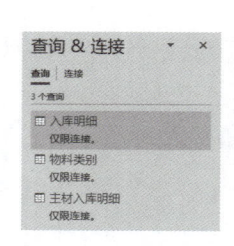

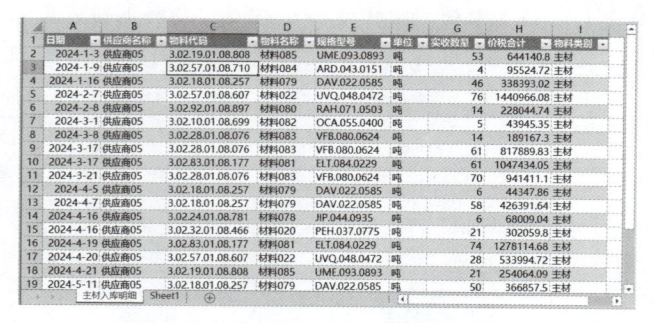

图11.29 3个查询连接　　　　图11.30 导出的"主材入库明细"数据

11.1.4 根据模糊条件从多张工作表查询满足条件的数据

如果要根据模糊条件从多张工作表查找数据,则需要先将这些工作表合并起来,再按关键词筛选。

案例 11.4

图 11.31 所示的"工地签收记录 .xlsx"工作簿有两张工作表，分别为"A 工地"和"B 工地"。现在要求从这两张工作表中，将 C35 标号的材料签收记录查询出来，并保存在一个新工作簿中。

图11.31　两张工作表"A工地"和"B工地"

步骤 1　执行"从工作簿"命令，合并这两张工作表，如图 11.32 所示。

图11.32　两张工作表的合并表

步骤 2　从"强度等级"列中筛选包含条件，如图 11.33 和图 11.34 所示。

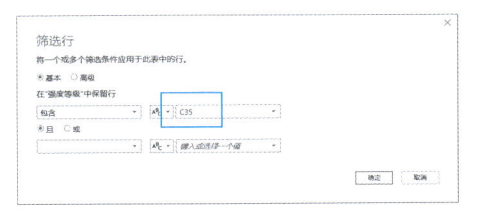

图11.33　"强度等级"命令　　　　图11.34　输入关键词C35

步骤 3　即可得到强度等级含有 C35 的签收明细，如图 11.35 所示。

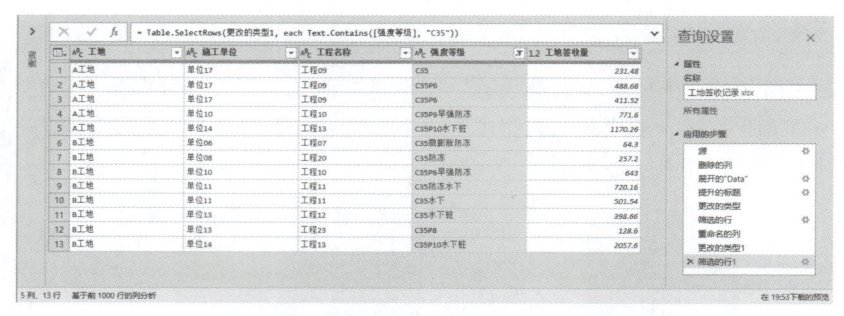

图11.35 强度等级含有C35的签收明细

步骤 ④ 将查询结果导出到新工作簿中即可。

11.1.5 从多个工作簿中查询满足条件的数据

如果要从多个工作簿查找满足条件的数据，则需要先将这些工作簿合并起来，再进行数据筛选。

不过，这些工作簿需要保存在同一个文件夹中，而且该文件夹尽可能不保存别的不相干的工作簿。

案例11.5

图 11.36 是"发货明细"文件夹，保存的是 2023 年 1—5 月的发货明细数据，示例数据如图 11.37 所示。

图11.36 "发货明细"文件夹

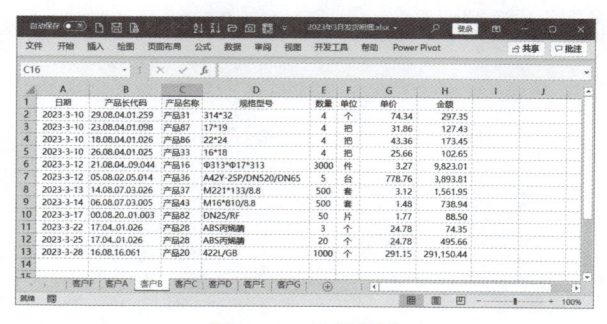

图11.37 示例数据

现在要从这些工作簿的各张工作表中查询出发货金额在 1 万元以上的所有发货数据。

解决思路：先将文件夹中的所有工作簿进行汇总，然后再筛选数据。

步骤 1 执行"从文件夹"命令，将文件夹中的所有工作簿进行汇总并进行整理，合并结果如图 11.38 所示。

图11.38　汇总文件夹中各个工作簿数据

步骤 2 从"金额"列中筛选出大于 1 万元的数据。

步骤 3 将数据导出到新工作簿，如图 11.39 所示。

图11.39　从各个工作簿中查询出满足条件的数据

本案例的详细操作步骤请观看视频。

11.2 从文本文件中查询数据

如果数据源是文本文件，也可以在不打开文本文件的情况下，从一个或多个文本文件中查询满足条件的数据，并保存到 Excel 工作表中。

11.2.1 从某个文本文件中查询满足条件的数据

案例11.6

图 11.40 是"门店销售月报.txt"文本文件，现在要求从这个文本文件中，查找销售额在 10 万元以上、完成率在 60% 以上的数据，并保存到 Excel 工作表。

图11.40　"门店销售月报.txt"文本文件

173

步骤 1 执行"从文本/CSV"命令，访问该文本文件，打开"Power Query 编辑器"窗口，获取文本文件数据，如图 11.41 所示。

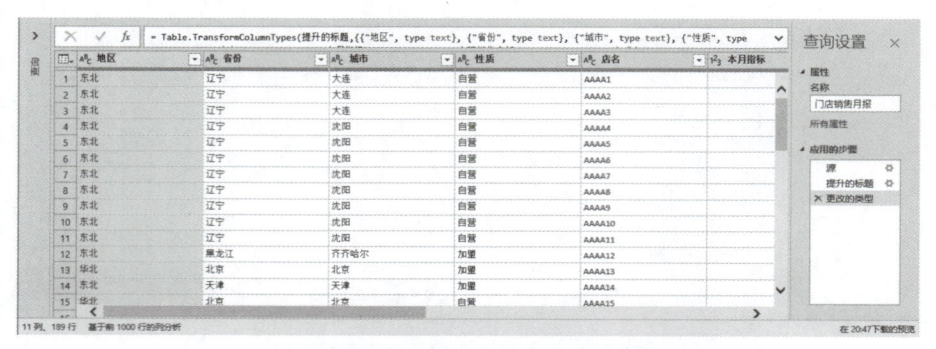

图11.41 获取文本文件数据

步骤 2 根据具体情况对数据进行整理，并筛选数据。

步骤 3 将数据导出到 Excel 工作表，结果如图 11.42 所示。

图11.42 从文本文件查找出满足条件的数据

本案例的详细操作步骤请观看视频。

11.2.2 从多个文本文件中查询满足条件的数据

如果数据源是文件夹中的多个文本文件，它们的格式完全相同，要从这些文本文件中查找满足条件的数据，也可以使用 Power Query 快速完成。

案例11.7

图 11.43 是"店铺月报"文件夹，保存了 5 个地区的文本文件，现在要从这 5 个文本文件中查询出销售额在 10 万元以上、完成率在 60% 以上的数据，并保存到 Excel 工作表。

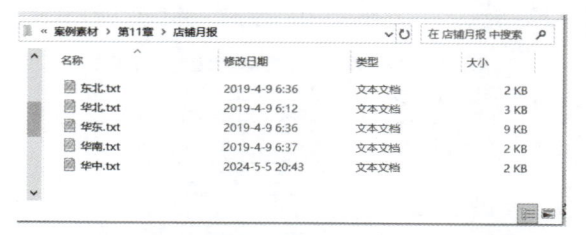

图11.43 "店铺月报"文件夹中的5个文本文件

主要步骤如下，详细操作步骤请观看视频。

步骤 1 执行"从文件夹"命令，选择"店铺月报"文件夹，如图 11.44 所示。

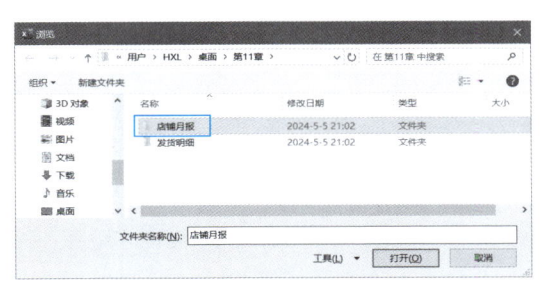

图11.44　选择"店铺月报"文件夹

步骤 2 单击"打开"按钮，打开的对话框如图 11.45 所示，单击底部的"组合"按钮，展开下拉菜单，选择"合并并转换数据"命令。

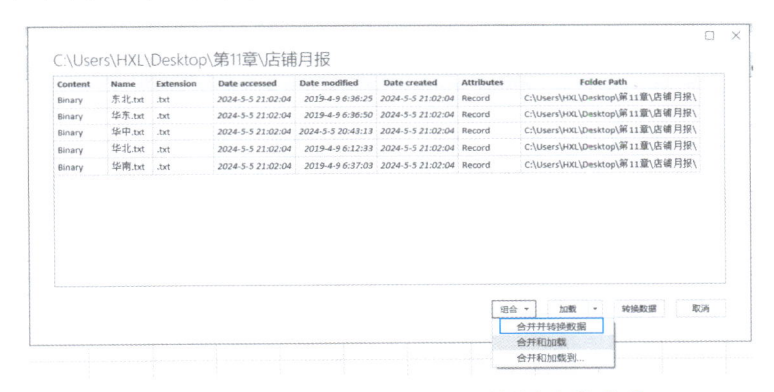

图11.45　执行"组合"→"合并并转换数据"命令

步骤 3 打开"合并文件"对话框，如图 11.46 所示。在该对话框中，可以对每个要合并的文本文件进行检查，如字体是否正确、是否已经拆分列等。

图11.46　"合并文件"对话框

步骤 4 单击"确定"按钮，打开"Power Query 编辑器"窗口，如图 11.47 所示。

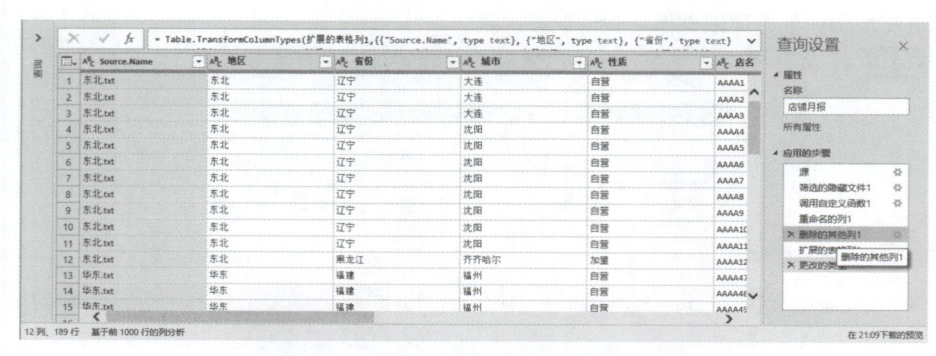

图11.47 "Power Query编辑器"窗口

步骤 5 根据需要，对数据进行进一步整理加工，筛选满足条件的数据，最后导出数据到 Excel 工作表。

第12章
与Power Pivot联合使用

作为数据查询与汇总的利器，Power Query 有着巨大的优越性和操作灵活性，尤其是在数据源种类多以及数据量很大的场合。但是，Power Query 在数据灵活分析方面的功能却是比较薄弱的。幸运的是，Power Query 有一个孪生工具：Power Pivot。将 Power Query 与 Power Pivot 联合使用，这样既解决了复杂数据的查询汇总问题，又解决了数据的灵活分析问题。

12.1 将Power Query查询加载为数据模型

12.1.1 加载为数据模型的方法

如果要利用 Power Pivot 对 Power Query 的查询结果作数据分析，首先要将查询结果加载为数据模型，可通过执行"开始"→"关闭并上载至"命令来完成。此时，在打开的"导入数据"对话框中，选中"仅创建连接"单选按钮并勾选"将此数据添加到数据模型"复选框，如图 12.1 所示。

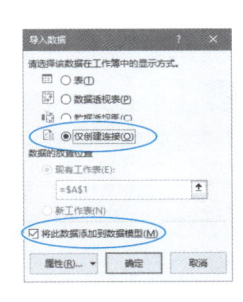

图12.1 选择"仅创建连接"和"将此数据添加到数据模型"

执行以上操作后，工作表中是看不到任何数据的，查询的数据都保存在各个查询连接中。当源数据量很大时，通过这种处理，当前的 Excel 文件并没有占多大空间。

执行工作表的"数据"→"查询和连接"命令，如图 12.2 所示，在工作表右侧就会出现"查询 & 连接"窗格，其中可以看到各个查询名称，如图 12.3 所示。

图12.2 "查询和连接"命令

图12.3 窗格中的各个查询名称

12.1.2 重新编辑现有的查询

如果需要对查询重新编辑，则可以在"查询 & 连接"窗格中双击某个查询，打开"Power Query 编辑器"窗口，即可对已经建立的查询进行重新编辑加工。

12.2 利用Power Pivot建立基于数据模型的数据透视表

当建立了数据模型后，就可以利用 Power Pivot 建立基于这个数据模型的数据透视表，下面结合几个案例介绍其基本方法和操作步骤。

12.2.1 基于某个查询的数据透视表

案例12.1

图 12.4 是 4 个业务部的合同汇总表，查询名称为"汇总表"，已经加载为数据模型。下面要以这个数据模型的数据来制作数据透视表。

图12.4　4个业务部的汇总表查询

步骤① 执行 Power Pivot → "管理数据模型"命令，或者执行"数据" → "管理数据模型"命令，分别如图 12.5 和图 12.6 所示。

图12.5　Power Pivot选项卡中的"管理数据模型"命令

图12.6　"数据"选项卡中的"管理数据模型"命令

步骤② 打开 Power Pivot for Excel 窗口，如图 12.7 所示。

注意：下面的所有操作都是在 Power Pivot for Excel 窗口进行的，所执行的有关命令也是在这个窗口进行的。这个窗口与工作表窗口是两个不同的窗口，可以彼此切换查看。

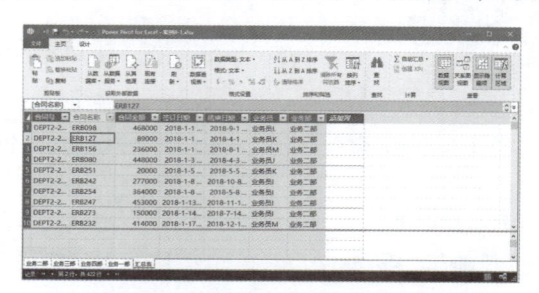

图12.7　Power Pivot for Excel窗口

步骤 3 图12.7左下角列出了所有查询名称标签，可以查看各个查询表数据或编辑数据（如添加列等），如图12.8所示。

步骤 4 执行"主页"→"数据透视表"→"数据透视表"命令，如图12.9所示。

图12.8 单击切换到要做透视表的查询 　　图12.9 "数据透视表"命令

步骤 5 弹出"创建数据透视表"对话框，指定数据透视表的显示位置，如图12.10所示。

步骤 6 单击"确定"按钮，就在指定的位置创建了一个数据透视表，如图12.11所示。

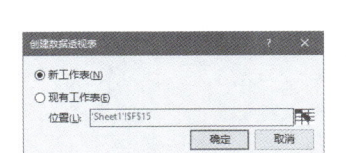

图12.10 指定数据透视表的显示位置 　　图12.11 创建的数据透视表

步骤 7 在"数据透视表字段"窗格中，列出了所有的查询表，如图12.12所示。可以任选一个查询来做数据透视表，也可以将几张表关联起来做数据透视表。

这里，要以"汇总表"来制作数据透视表，因此单击"汇总表"左侧的展开箭头▷，展开该查询下的字段列表，如图12.13所示。

图12.12 列出了所有的查询表 　　图12.13 展开"汇总表"下的字段列表

步骤 8 这样就可以对数据透视表进行布局，得到需要的分析报告。各个业务部在各年、各季度的合同总额汇总表如图12.14所示。

179

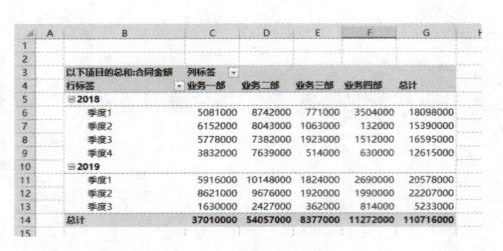

图12.14 各个业务部在各年、各个季度签订的合同金额汇总表

如果仅仅以"业务一部"的数据制作数据透视表，就展开业务一部的字段列表，如图12.15所示，并进行布局，得到需要的报表，如图12.16所示。

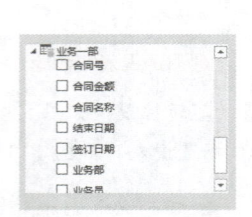

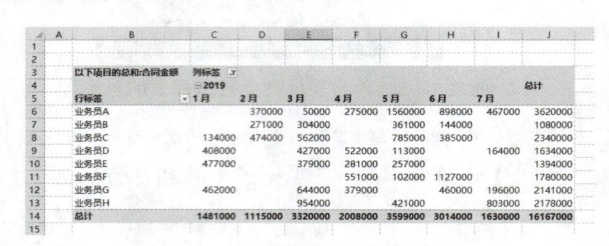

图12.15 展开"业务一部"的字段列表　　图12.16 业务一部各个业务员在2019年各月签订的合同汇总

12.2.2　基于多张有关联表查询的数据透视表

案例12.2

在实际工作中，会对多张有关联的数据表进行关联分析。现在有以下3张有关联的工作表，如图12.17所示。

- 销售清单：有5列数据，分别为"客户简称""日期""存货编码""销量"折扣。
- 产品资料：有3列数据，分别为"存货编码""存货名称""标准单价"。
- 业务员客户：有2列数据，分别为"业务员""客户简称"。

现在要求分析并制作每个业务员、每个产品的销量报表。

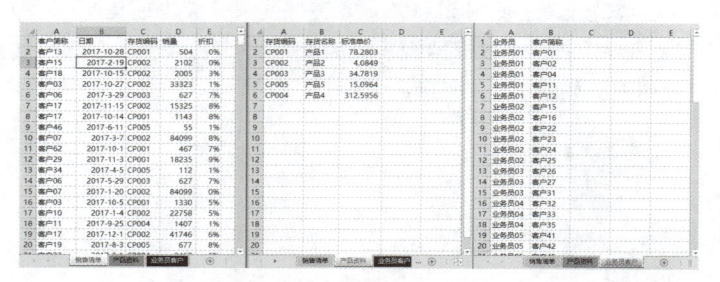

图12.17　3张有关联的工作表

在这3张工作表中，"销售清单"是最重要的基础数据，但缺少要分析的字段，即业务员和销售额，而这两个字段在另外两张工作表中反映出来了。

一般情况下，可以使用VLOOKUP函数对两张工作表的数据进行匹配。但是Power Pivot不需要这么麻烦，因为它可以自动判断关系，并建立关系。

步骤 1 对这 3 张工作表创建查询，如图 12.18 所示。最简单的方法是执行"数据"→"获取外部数据"→"来自文件"→"从工作簿"命令。

由于是仅创建查询，因此不需要在编辑器进行数据处理，在"导航器"对话框中直接执行"加载"→"加载到"命令，如图 12.19 所示。即可打开"导入数据"对话框，然后选中"仅创建连接"单选按钮并勾选"将此数据添加到数据模型"复选框。

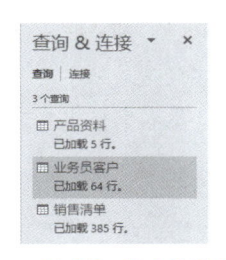

图12.18 创建的3张表格的查询　　图12.19 直接把工作簿的3张工作表加载为数据模型

步骤 2 打开 Power Pivot for Excel 窗口，然后执行"关系图视图"命令，如图 12.20 所示，打开有 3 张表格的视图窗口，如图 12.21 所示。

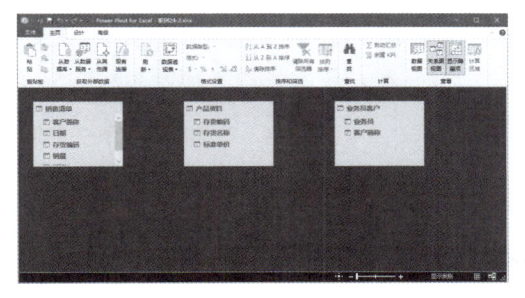

图12.20 "关系图视图"命令　　图12.21 表格关系图视图窗口

步骤 3 做如图 12.22 所示的连接操作。

（1）将"销售清单"中的"客户简称"拖放到"业务员客户"的"客户简称"上，建立表格"销售清单"与"业务员客户"的关系。

（2）将"销售清单"中的"存货编码"拖放到"产品资料"的"存货编码"上，建立表格"销售清单"与"产品资料"的关系。

如果关系建立的不对，可以对准链接线，右击，执行"删除"命令即可。也可以右击，在弹出的快捷菜单中选择"编辑关系"命令，打开"编辑关系"对话框，在此对话框中进行关系的建立、修改、删除等操作，如图 12.23 所示。

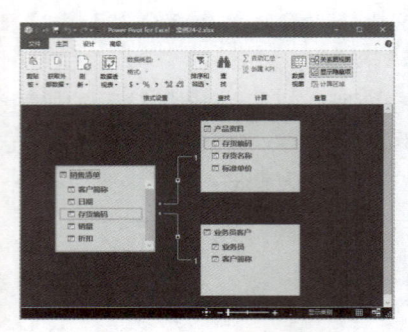

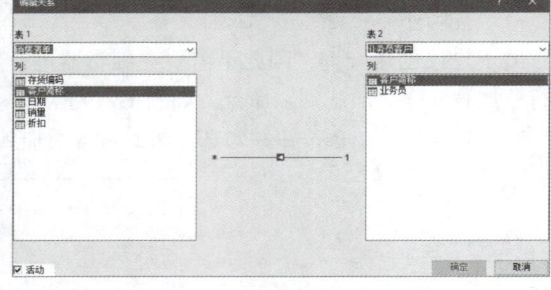

图12.22 建立3张表格的关系　　　　图12.23 "编辑关系"对话框

步骤 4 如果仅汇总每个业务员、每个产品的"销量"（这个字段是原始字段，在数据模型已经存在），那么就可以直接创建数据透视表，然后分别从这3张表中把相关字段拖到透视表中即可，如图12.24所示。

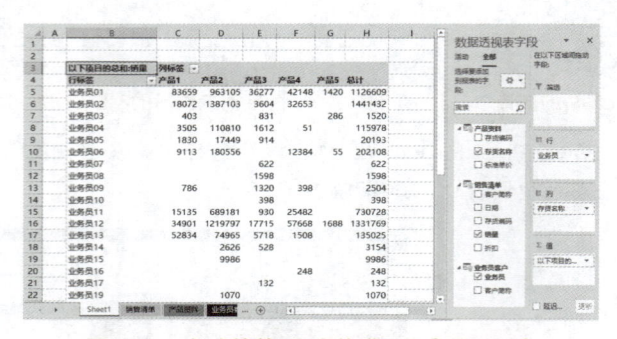

图12.24 创建的基于3张关联工作表的透视表

12.2.3 基于海量数据查询的数据透视表

案例12.3

假设有将近100万行数据的CVS文本文件数据，文件大小都达到了80MB，现在要从这个文件中提取2018年华东地区数据进行透视分析。详细数据见第1章的案例素材"2015-2018年销售明细.csv"。

步骤 1 新建一个工作簿。

步骤 2 执行"数据"→"从文本/CSV"命令，如图12.25所示。建立对该文本文件的查询，如图12.26所示。

图12.25 "从文本/CSV"命令　　　　图12.26 建立基本查询

步骤 3 从"地区"列中筛选出上海、浙江、江苏、安徽、山东、江西和福建，然后再从"年份"列中筛选出 2018，就得到如图 12.27 所示的结果。

图12.27　筛选出华东地区2018年的数据

步骤 4 而对诸如客户代码、发票号、产品长代码、单价等不涉及数据统计分析的列，可以将其删除，这样也可以提高数据加载速度，删除后的结果如图 12.28 所示。

图12.28　删除不必要的列

步骤 5 由于"价税合计"列金额比较大，因此在查询中将其金额除以 100 万元，变成以百万元为单位的数据，可以通过添加自定义列完成，如图 12.29 所示。

图12.29　添加自定义列"金额百万"

步骤 6 删除原来的"价税合计"列，这时的查询表如图 12.30 所示。

注意：应将新添加的自定义列"金额百万"的数据类型设置为"小数"。

图12.30　删除"价税合计"列后的查询表

步骤 7 执行"开始"→"关闭并上载至"命令，将查询上载为仅连接和数据模型，如图 12.31 所示。

步骤 8 执行 Power Pivot →"管理"命令，打开 Power Pivot for Excel 窗口，再执行"数据透视表"命令，就创建了如图 12.32 所示的数据透视表。

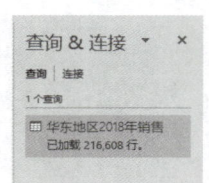

图12.31 创建的2018年华东地区的销售查询数据模型

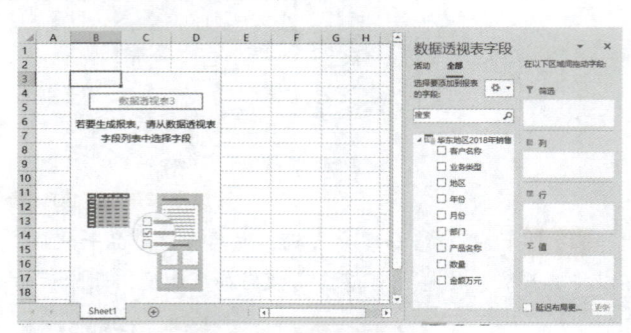

图12.32 创建基于查询的数据透视表

步骤 9 接着，布局透视表，得到需要的报表。

每个部门、每个业务类型的销售额汇总表如图 12.33 所示。

以下项目的总和:金额百万	业务类型					
部门	节能	煤气	其他	热力	物联	总计
电商业务部		14,448,988.87		558,283.54	11.29	15,007,283.71
工程承包部		28,359.91		253,599.17	3,353,707.16	3,635,666.25
公用事业部	582,618.47	2,422,603.43	3,159,028.80	786.30		6,165,037.00
海外市场部	1,749.46	715.73	17,514.33	192,919.92		212,899.45
技术服务部	27,410.26	33,038.73	7,451.81			67,900.80
节能业务部	3,510,938.51	2,690,749.84	10,248,656.05		7,330.18	16,457,674.58
市场管理部			1,410,113.03			1,410,113.03
物流服务部	1,447,659.18	79,959.07	1,754,750.74		18,623.16	3,300,992.15
物资采购部	28,848.66	3.12	2,795,895.30			2,824,747.08
总计	20,076,573.33	5,227,069.93	20,205,292.77	193,706.22	3,379,671.79	49,082,314.05

图12.33 销售额汇总表

第 13 章
M 语言简介

对于 Power Query 来说，数据查询基本上都是按可视化的向导提示操作，其中每一步操作都会被记录下来，并生成相应的公式，就像 Excel VBA 里的录制宏一样，这些公式都是使用了 Power Query 特有的函数来创建的，这种函数被称为 M 函数。

本章介绍一下 Power Query 的 M 函数，并尝试使用一些常用的 M 函数来解决数据查询与汇总问题。

13.1 从查询操作步骤看M语言

M 语言似乎很神秘，又似乎很难理解，但是，如果从各个操作步骤来查看自动生成的 M 函数，似乎又很好理解，因为每个 M 函数名都是很好懂的英文单词。

13.1.1 查询表的结构

Power Query 的每一步操作结果都是一张查询表，因此在了解 M 语言之前，首先看一下查询表的结构。

查询表结构示例如图 13.1 所示，即从当前工作簿指定的工作表中建立了一个基本查询，并对"折扣"列的数据类型进行百分比设置。

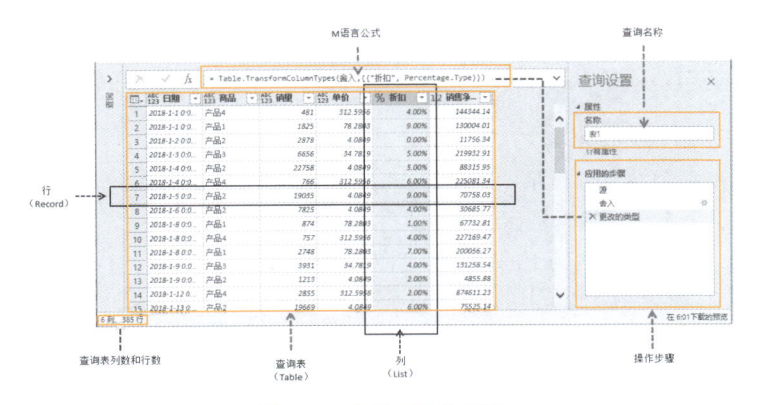

图13.1 查询表结构示例

1. 表

查询表（Table）包括完整的行（Record）和列（List），它们构成了整个查询表。

每一步操作都会在右侧显示"应用的步骤"，得到一个新的查询表，且自动生成一个 M 语言的公式，并在公式编辑栏显示出来。

每一步操作都会在左下角显示当前表的列数和行数。

2. 行

行就是表的一行数据,又被称为"记录"。

在表中,第一行的位置序号是 0,第二行的位置序号是 1,第三行的位置序号是 2……,也就是说,行位置序号是从 0 开始的。

如果使用公式来引用某行,要用花括号({ })括起指定的位置号。例如,下面的公式就是引用"源"的第四行数据:

= 源{3}

如果要查找满足条件的行记录,可以在公式中添加条件。例如,下面的公式是引用"源"的销量为 481 的整行记录:

= 源{[销量=481]}

不过,如果满足条件的行数超出了一行,或者找不到满足条件的记录,系统就会报错(Error)。

3. 列

列就是表的一列数据,一个列就是一个 List。

每个列都保存同一种类型的数据,在默认情况下,其数据类型是任意的。

列和列之间可以进行计算,但是,如果列数据类型不匹配,系统就会报错。例如,一列是文本,一列是整数,它们是不能相加的。

如果使用公式来引用某列,要用方括号([ ])括起指定的列名。例如,下面的公式就是引用"源"的"销量"列数据:

= 源[销量]

4. 值

值(Value)是某行某列交叉单元格的数据。

当需要使用公式引用某个单元格的值时,需要先写行号再写列号。例如,下面的公式是引用"源"的第四行的"销量"数据:

= 源{3}[销量]

13.1.2 每个操作步骤对应一个公式

每一步操作都会在右侧显示"应用的步骤",得到一张新的查询表,且自动生成一个 M 语言的公式,并在公式编辑栏显示出来。

例如,13.1.1 小节介绍的例子的第一步"源"的公式如下:

= Excel.CurrentWorkbook(){[Name="表1"]}[Content]

它表明是从当前的 Excel 工作簿(Excel.CurrentWorkbook)的一个名称(Name)为"表1"的表格中提取所有数据([Content])。

第二步"舍入"的公式如下:

= Table.TransformColumns(源,{{"销售净额", each Number.Round(_, 2), type number}})

它对表的指定列("销售净额")进行数据类型转换(TransformColumns),每个数字使用 Round 保留两位小数(each Number.Round(_, 2)),而该列数据类型是数字(type number)。

第三步"更改的类型"的公式如下：

= Table.TransformColumnTypes(舍入,{{"折扣", Percentage.Type}})

它对表的"折扣"列更改数据类型（TransformColumnTypes），将数据类型改为百分比型（Percentage.Type）。

在 M 语言的公式中，每一步都是在上一步操作基础上进行的，也就是以上一步操作为引用依据，因此第二步"舍入"是引用上一步的"源"，第三步"更改的类型"是引用上一步的"舍入"。

13.1.3 使用高级编辑器查看完整代码

执行"开始"→"高级编辑器"命令，打开"高级编辑器"对话框，如图 13.2 和图 13.3 所示。

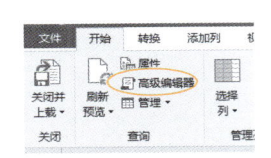

图13.2 "高级编辑器"命令

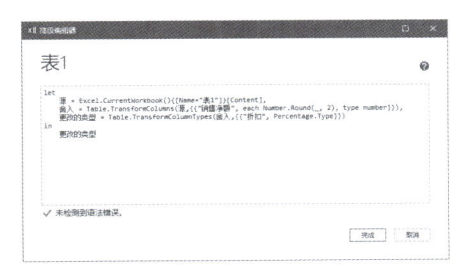

图13.3 "高级编辑器"对话框

在"高级编辑器"对话框中，显示出所有操作步骤的公式，它们构成了一个完整的查询及结果输出。

- let 表示一个查询的开始，其后面的各个语句就是每个操作步骤记录，每个语句一行，并且最后是一个逗号，最后一步的语句公式结尾不能有任何标点符号。
- in 表示一个查询的结果，其后面的语句是指定输出哪一步的结果。

可以在"高级编辑器"对话框中修改每一步的操作（let 后面的各个语句公式），也可以将任意一步的操作结果输出（在 let 和 in 之间的每一个步骤都可以输出）。

可以在每条语句公式的上面、下面或右边添加注释信息，以提高语句的阅读性，了解每一个操作步骤。注释信息必须以"//"开头。图 13.4 就是在每步操作语句的前面加上了注释信息。

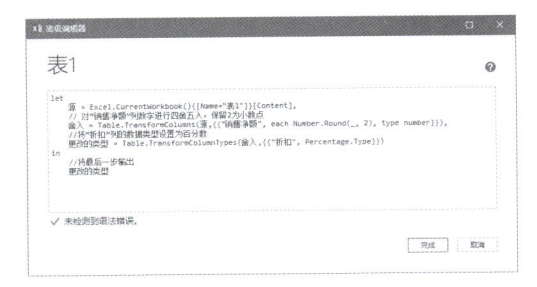

图13.4 添加注释信息

当语句很长，以至于影响阅读时，可以分行来写，在需要分行的位置直接按 Enter 键即可。

13.2 通过手动创建行、列和表进一步了解M函数

其实，M语言并不是想象的那么复杂，基本上是口语化的语言，但也有特殊性。本节将结合在"Power Query编辑器"窗口中手动创建行和列，来进一步了解表结构及M语言。

13.2.1 创建行

表是由行数据和列数据构成的，每行是一条记录，就像工作表的一行数据一样。在"Power Query 编辑器"窗口中创建一行数据，具体方法如下。

步骤① 新建一个工作簿。

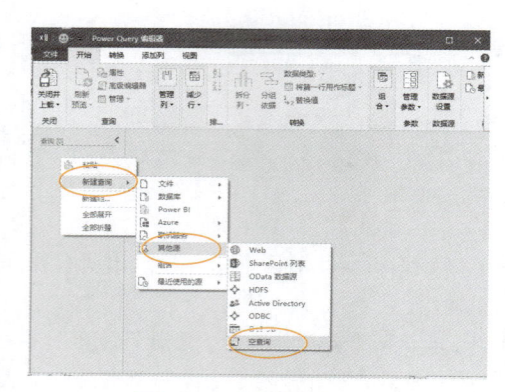

步骤② 执行"数据"→"获取数据"→"启动Power Query编辑器"命令，如图13.5所示。

步骤③ 打开"Power Query 编辑器"窗口，然后在编辑器左侧"查询"的空白处右击，在弹出的快捷菜单中执行"新建查询"→"其他源"→"空查询"命令，如图13.6所示。

图13.5 "启动Power Query编辑器"命令　　　　图13.6 "空查询"命令

这样，就建立了一个默认名为"查询1"的空查询，如图13.7所示。

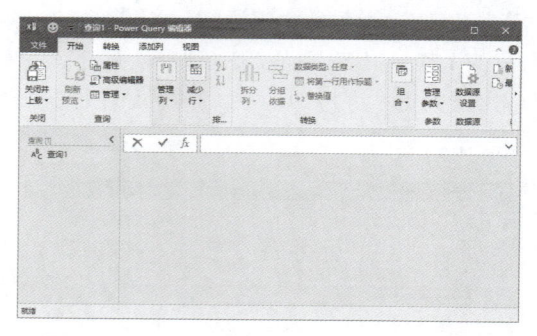

图13.7 建立一个默认名为"查询1"的空查询

步骤④ 在公式编辑栏输入以下公式，然后按Enter键，就在本查询中增加了一条记录，如图13.8所示。

=[日期="2019-4-11",产品="产品D",销量=322,销售额=38589.36]

在上述公式中，文本或日期数据要用双引号括起来，数字直接输入即可。这几个字段

的外面，要用方括号括起来。

这个公式的含义是输入了 4 个数据，分别是日期、产品、销量和销售额，它们之间用逗号分隔。

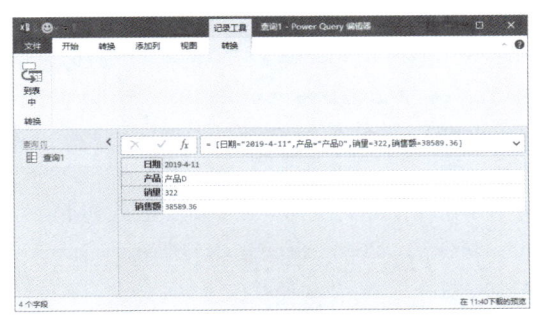

图13.8 手动输入一条记录

步骤 5 单击编辑器窗口左上角的"到表中"按钮，即可将记录发送到查询表中，如图 13.9 所示。

步骤 6 执行"转换"→"转置"命令，将表转置为如图 13.10 所示的结构。

图13.9 把输入的一条记录发送到了查询表中

图13.10 转置表

步骤 7 执行"开始"→"将第一行用作标题"命令，就得到了一张真正的表，如图 13.11 所示。

打开"高级编辑器"对话框，可以看到，刚才做过的几步操作，每一步都自动生成了一个 M 公式，如图 13.12 所示。

图13.11 提升标题

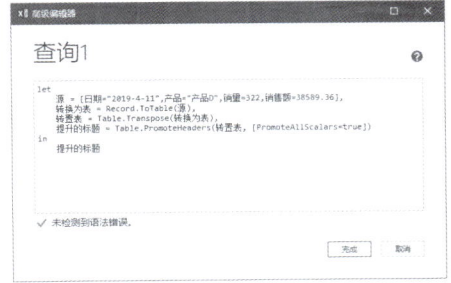

图13.12 查看每一步操作的公式

下面分析一下 let 和 in 之间的几个公式的语法结构。

1. 源

let 后面的第一个公式是"源"，是获取源数据的公式。不同来源的数据，公式是不一样的。

(1)如果是手动输入的数据,则"源"公式如下:

源 = [日期="2019-4-11",产品=" 产品 D",销量=322,销售额=38589.36]

(2)如果是从指定的文本文件中获取数据,则"源"公式如下:

源 = Csv.Document(File.Contents("C:\Users\think\Desktop\ 员工信息表.txt"),[Delimiter="|", Columns=11, Encoding=936, QuoteStyle=Quote-Style.None])

其关键词是 Csv.Document(),这就是 M 函数,表示从一个 CSV 格式的文本文件中查询数据。

(3)如果是从另外一个工作簿建立查询,则"源"公式如下:

源 = Excel.Workbook(File.Contents("C:\Users\think\Desktop\ 销售分析.xlsx"), null, true)

其关键词是 Excel.Workbook(),它也是一个 M 函数,表示从 Excel 工作簿建立查询。

(4)如果是从当前工作簿的一张表建立查询,则"源"公式如下:

源 = Excel.CurrentWorkbook(){[Name=" 发票信息 "]}[Content]

其关键词是 Excel.CurrentWorkbook(),它也是一个 M 函数,表示从当前 Excel 工作簿的一张工作表建立查询数据。

(5)如果是从一个 Access 数据查询,则"源"公式如下:

源 = Access.Database(File.Contents("C:\Users\think\Desktop\ 销售记录.accdb"), [CreateNavigationProperties=true]),今年 = 源{[Schema="",Item=" 今年 "]}[Data]

其关键词是 Access.Database,它是一个 M 函数,表示从当前 Access 数据库建立查询。

2. 转换为表

转换为表 = Record.ToTable(源)

这个公式是将上一次操作的结果("源")转化为表,使用了 M 函数 Record.ToTable()。

3. 转置表

转置表 = Table.Transpose(转换为表)

这个公式是将上一次操作的结果("转换为表")进行转置,使用了 M 函数 Table.Transpose()。

4. 提升的标题

提升的标题 = Table.PromoteHeaders(转置表, [PromoteAllScalars=true])

这个公式是将上一次操作的结果("转置表")的标题进行提升,使用了 M 函数 Table.PromoteHeaders()。

5. 其他操作

如果要转换某列数据类型,如将销售额的数据类型设置为"小数",其公式如下:

更改的类型 = Table.TransformColumnTypes(提升的标题,{{" 销售额 ", type number}})

这个公式使用了 M 函数 Table.TransformColumnTypes()。

在这个函数中,指定了是哪列数据("销售额"),什么类型(type)的数字格式(number),它们写在一个大括号中,列标题和数据类型之间用逗号隔开:

{" 销售额 ", type number}

创建多行记录也是使用上述方法，只不过是要将两个记录用大括号组合起来，而每行记录是用方括号括起来。例如，下面的公式：

源 = {[日期="2019-4-11",产品="产品D",销量=322,销售额=38589.36],
　　　[日期="2019-4-12",产品="产品A",销量=89,销售额=3120.11]}

但是，两条记录不能在编辑器使用命令按钮进行转置，因为两条以上的记录构成了记录集，需要使用 Table.FromRecords() 函数，也就是从记录集中转换表，公式如下：

转换为表 = Table.FromRecords(源)

此时，可以在"高级编辑器"对话框中编写如图 13.13 所示的公式。

得到的表如图 13.14 所示。

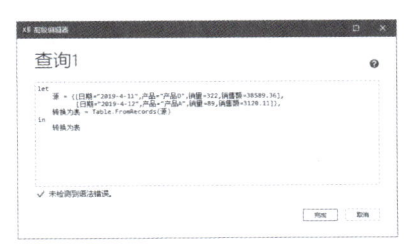

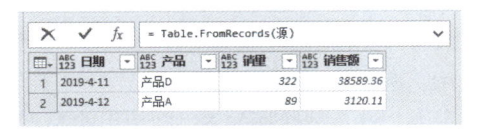

图13.13　编写多条记录的M公式　　　　图13.14　创建多行记录

到现在，想必已经对使用 M 函数添加行的基本操作有了初步的了解。接下来，将介绍使用 M 函数添加列的基本操作。

13.2.2　创建列

列就是一列数据，就像工作表的一列，因此被称为 List。每一列中会包含多个单元格数据，构成了一组数。因此，创建列的公式如下：

= {"销售量",394,199,102,87}

其中，每个数据之间用逗号隔开，全部数据的外面用花括号括起来。得到的表结构如图 13.15 所示。

图13.15　创建一个列

再执行"列表工具"→"到表"命令，就把输入列表转换成了表，如图 13.16 所示。在这个操作中，使用的 M 公式如下，使用了 M 函数 Table.FromList()：

= Table.FromList(源, Splitter.SplitByNothing(), null, null, ExtraValues.Error)

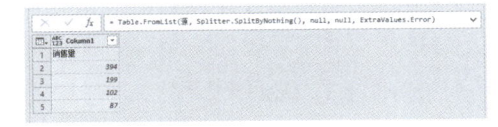

图13.16　列表转换为表

最后提升标题，就得到一个新列，如图 13.17 所示。这个操作使用的 M 公式如下，使用了 M 函数 Table.PromoteHeaders()：

= Table.PromoteHeaders(转换为表, [PromoteAllScalars=true])

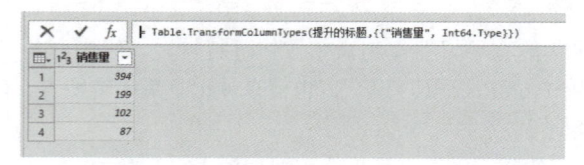

图13.17　得到的新列

13.2.3　创建一个连续字母的列

如果要创建一个连续字母的列，如从字母 A ~ M，如图 13.18 所示，那么使用的 M 公式如下：

= {"A".."M"}

其中，两个句点表示连续的意思。

如果要把这个列转换为表，则使用的 M 公式如图 13.19 所示，这里使用了 M 函数 Table.FromList()。

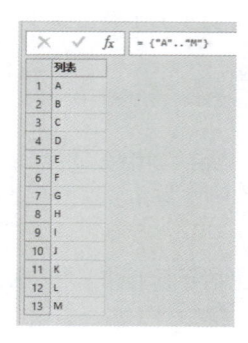

图13.18　创建连续字母的列 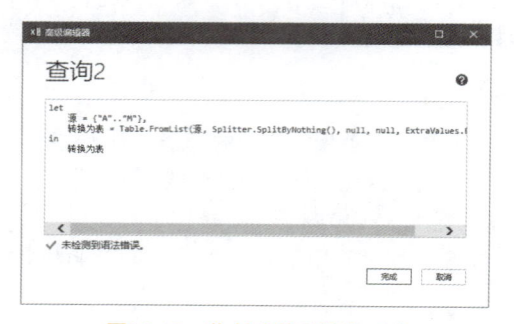　　　　图13.19　将创建的列转换到表

13.2.4　创建一个连续数字的列

如果要创建一个连续数字的列，也要使用两个句点。例如，要得到 1~10 的序列，如图 13.20 所示，那么使用的 M 公式如下：

= {1..10}

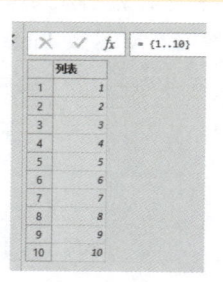

图13.20　创建从 1 ~ 10 的连续数字的列

13.2.5 创建一张表

创建一张表，要使用 table 函数。例如，创建一个 3 行 4 列的表，如图 13.21 所示，则使用的 M 公式如下（注意 table 前面必须有一个 #）：

```
= #table({"日期","产品","销量","销售额"},
        {{"2019-3-22","产品B",222,4960},
         {"2019-3-27","产品A",104,10385},
         {"2019-3-27","产品D",683,93845}
        }
       )
```

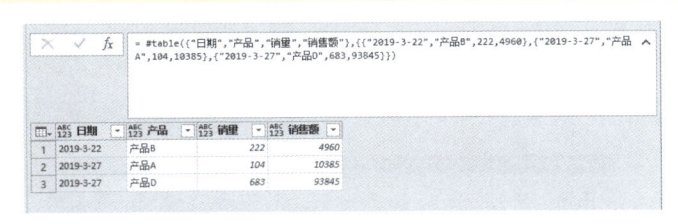

图13.21 创建3行4列的表

在这个公式中：

（1）第一组参数 {"日期","产品","销量","销售额"} 的作用是用来创建标题的。

（2）第二组则是各行记录，每个记录是一组数，其中：第一个记录是 {"2019-3-22","产品 B",222,4960}；第二个记录是 {"2019-3-27","产品 A",104,10385}；第三个记录是 {"2019-3-27","产品 D",683,93845}。

13.3　M语言及函数

从前面的介绍可以看出，M 函数并不复杂，但逻辑与 Excel 函数完全不同。不过，由于 Power Query 的大部分数据查询处理，都可以通过可视化向导的方法来实现，并且每个操作步骤都会自动生成了相应的 M 公式，即使有个别复杂的数据查询汇总问题，通过添加自定义列即可完成。因此，M 语言的学习和掌握，需要在实际操作中慢慢摸索，勤于练习。

13.3.1　M 语言结构

打开"高级编辑器"就可以看到，M 语言实际上就是一步一步操作所生成的 M 公式，每个 M 公式都是一个 M 函数所构成的计算，这些运算可以是现有的 M 函数或自定义函数，也可以是一些基本的运算符构建的运算。

例如，根据"发票首号"和"发票末号"计算发票张数，并将发票号展开，单独生成一列，可以经过以下 5 个步骤完成。

步骤① 从当前工作簿的表格区域导入原始发票数据（"源"），如图 13.22 所示。

步骤② 将"发票首号"和"发票末号"数据类型设置为"整数"（"更改的类型"）。

步骤③ 添加自定义列"发票张数"，公式为"= [发票末号]-[发票首号]+1"（"已添加自定义"）。

步骤 4 添加自定义列"发票号",公式为"= {[发票首号]..[发票末号]}"("已添加自定义 1")。

步骤 5 将生成的"发票号"列展开到行("展开的'发票号'")。

5 步操作的结果如图 13.23 所示。

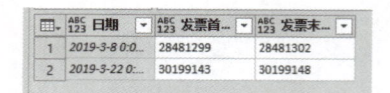

图13.22 原始发票数据

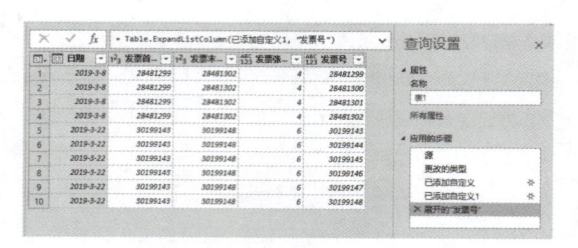

图13.23 5步操作的结果

打开"高级编辑器"对话框,可以看到这 5 步操作所生成的 M 公式,如图 13.24 所示。

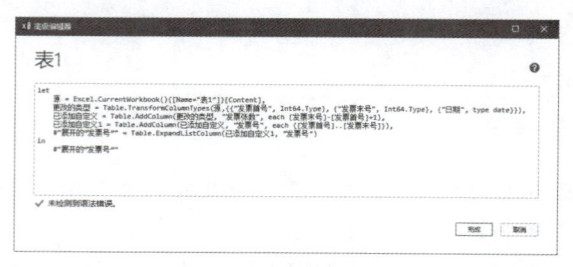

图13.24 各步操作的M公式

13.2.1 小节已经介绍过,一个查询的开始是从 let 开始,以 in 结束。let 和 in 之间的各个公式都是每步操作的公式,in 后面可以指定输出某一步操作的结果。

图 13.24 中的公式分析如下:

- 使用 Excel.CurrentWorkbook() 函数获取当前工作簿的数据。
- 使用 Table.TransformColumnTypes9() 函数转换列数据类型。
- 使用算术运算(+/−)来计算发票张数,并使用 Table.AddColumn() 函数添加自定义列。
- 使用两个句点来构建连续号列,并使用 Table.AddColumn() 函数来添加自定义列。
- 使用表级运算符方括号来引用列。
- 使用表级运算符花括号来构建列。

这些操作都是使用了 M 语言基本语法和常用函数。下面就对 M 语言的基本语法和常用函数进行简单的介绍。

13.3.2 M 语言的运算规则

M 语言中,常见的运算有算术运算、逻辑运算、比较运算、连接运算和表级运算。

- 算术运算:就是常说的四则运算,即加(+)、减(−)、乘(*)、除(/)。
- 逻辑运算:用来组合条件,即与(and)、或(or)、非(not)。
- 比较运算:用来对数据进行判断比较,即等于(=)、大于(>)、大于或等于(>=)、小于(<)、小于或等于(<=)、不等于(<>)。

- 连接运算：用来连接字符串，即 &。
- 表级运算：用来引用记录或列表，即引用记录"[]"、引用列表"{}"。

13.3.3　M 函数语法结构

正如 Excel 中的工作表函数一样，任何一个函数都有语法结构，M 函数也不例外。

例如，Date.AddMonths() 函数用于计算几个月以后或几个月以前的日期，其语法结构如下：

```
Date.AddMonths(dateTime as datetime, numberOfMonths as number) as nullable datetime
```

函数的含义如下：

（1）Date.AddMonths() 函数的结果是日期。

（2）Date.AddMonths() 函数有两个必选参数 dateTime 和 numberOfMonths。

（3）dateTime 是给定的一个具体日期，数据类型必须是"日期时间"。

（4）numberOfMonths 是要加的月数字，数据类型必须是"数字"；正数是向前，负数是向后。

很多 M 函数的参数中，有些是必选参数，有些是可选参数，用户根据具体情况决定可选函数是否需要设置。

例如，Date.WeekOfYear() 函数用于计算某日期是一年的第几周，其语法结构如下：

```
Date.WeekOfYear(dateTime as any, optional firstDayOfWeek as nullable number) as nullable number
```

这个函数的第一个参数 dateTime 是必选参数，指定某个具体日期；第二个参数 firstDayOfWeek 是可选参数，指定一周的第一天是哪一天开始，如果忽略，默认从星期日开始。

13.3.4　M 函数简介

M 函数有数百个之多，具体可以参看 Power Query 的帮助信息。下面对一些常用函数进行简要介绍。

1. 文件类函数

用于访问指定的数据源，并对数据源数据进行导入和创建查询。这些函数的前缀是数据文件的类型，后面跟一个句点，句点后面是数据源类型。例如：

- Excel.CurrentWorkbook() 函数用于从当前工作簿导入查询。
- Excel.Workbook() 函数用于从指定路径工作簿导入查询。
- Csv.Document() 函数用于从文本文件导入查询。
- Access.Database() 函数用于从 Access 数据库导入查询。
- Folder.Contents() 函数用于从指定文件夹的所有文件中导入查询。

2. Table 类函数

用于对表进行计算。这些函数的前缀都是 Table，后跟一个句点，句点后是一个英文单词或几个英文单词的组合。例如：

- Table.FirstN() 函数用于获取表的最前面几行数据。
- Table.Pivot() 函数用于透视列。

- Table.SplitColumn() 函数用于拆分列。
- Table.TransformColumnTypes() 函数用于更改数据类型。

3. List 类函数

用于对列进行操作和计算,这些函数的前缀都是 List。例如:

- List.Sum() 函数用于计算合计数。
- List.Max() 函数用于计算最大值。
- List.Combine() 函数用于将多个列合并为一个新列。
- List.Sort() 函数用于排序。

4. Record 类函数

用于对行进行操作,这些函数的前缀都是 Record。例如:

- Record.Fields() 函数用于获取指定字段的值。
- Record.RenameFields() 函数用于重命名列标题。

5. Text 类函数

用于对文本进行计算,这些函数的前缀都是 Text。例如:

- Text.Middle() 函数用于从字符串中间指定位数提取字符。
- Text.Trim() 函数用于清除字符串前后的空格。
- Text.Clean() 函数用于清除所有非打印字符。
- Text.Upper() 函数用于将字母转换为大写。

6. Number 类函数

用于对数字进行计算,这些函数的前缀都是 Number。例如:

- Number.IsEven() 函数用于判断一个数字是否为偶数。
- Number.Abs() 函数用于计算一个数字的绝对值。

7. Date 类函数

用于对日期进行计算,这些函数的前缀都是 Date。例如:

- Date.Year() 函数用于获取一个日期的年数字。
- Date.Month() 函数用于获取一个日期的月数字。
- Date.Day() 函数用于获取一个日期的日数字。
- Date.MonthName() 函数用于获取一个日期的月份名称。
- Date.EndOfMonth() 函数用于获取月底日期,相当于 EOMONTH。
- Date.EndOfQuarter() 函数用于获取季度末日期。
- Date.DayOfYear() 函数用于获取指定日期在该年已过的天数。
- Date.AddDays() 函数用于计算一个日期多少天后的日期。
- Date.AddMonths() 函数用于计算一个日期多少月后的日期。
- Date.AddQuarters() 函数用于计算一个日期多少季度后的日期。
- Date.AddYears() 函数用于计算一个日期多少年后的日期。
- Date.IsInPreviousMonth() 函数用于判断一个日期是否为上月日期。
- Date.IsInPreviousQuarter() 函数用于判断一个日期是否为上季度日期。
- Date.IsInPreviousWeek() 函数用于判断一个日期是否为上星期日期。

- Date.IsInCurrentMonth() 函数用于判断一个日期是否为本月日期。
- Date.IsInCurrentQuarter() 函数用于判断一个日期是否为本季度日期。
- Date.IsInCurrentWeek() 函数用于判断一个日期是否为本周日期。

8. DateTime 类函数

用于对日期时间进行计算，这些函数的前缀都是 DateTime。例如：

- DateTime.Date() 函数用于从一个含有日期和时间的日期时间中提取日期数字。
- DateTime.FromText() 函数用于把文本型日期转换为真正的日期时间。
- DateTime.ToText() 函数用于把日期时间转换为文本。
- DateTime.LocalNow() 函数用于获取当前日期和时间，相当于 NOW() 函数。

13.4　M函数应用举例

了解了 M 语言的基本知识，以及本书前面介绍各种 Power Query 操作技能后，下面介绍几个实际应用案例。

13.4.1　拆分文本和数字

案例13.1

图 13.25 是一个编码与名称连在一起的原始数据。其中，编码是左边的数字，长度不一；名称是右边的汉字和字母的混合体。现在要求把编码和名称分成两列。

步骤 1 对此表建立查询，进入"Power Query 编辑器"窗口，如图 13.26 所示。

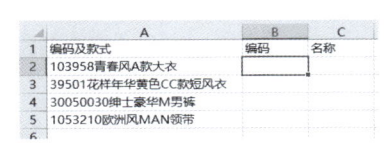

图13.25　编码与名称连在一起 　　图13.26　"Power Query编辑器"窗口

步骤 2 执行"添加列"→"自定义列"命令，打开"自定义列"对话框，如图 13.27 所示。在"新列名"文本框中输入"名称"，然后输入以下自定义列公式：

= Text.Remove([编码及款式],{"0".."9"})

这个公式的逻辑就是剔除字符串中的数字，剩下的就是名称了，因此使用了 Text.Remove() 函数。

步骤 3 单击"确定"按钮，就得到了"名称"列，如图 13.28 所示。

图13.27　添加自定义列以提取出名称 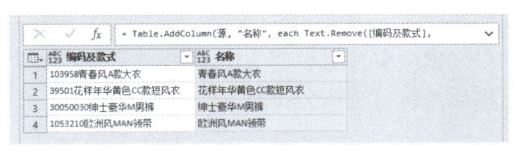　　图13.28　提取出来的"名称"列

步骤 4 执行"添加列"→"自定义列"命令,打开"自定义列"对话框,如图13.29所示。在"新列名"文本框中输入"编码",然后输入以下自定义列公式:

= Text.Range([编码及款式],0,Text.Length([编码及款式])-Text.Length([名称]))

这个公式的逻辑就是从原始字符串中提取左侧的数字,只要计算出原始字符串的字符数和名称的字符数,两者相减就是要提取的编码数字个数。这里使用 Text.Length () 函数来计算字符数,使用 Text.Range () 函数来提取指定范围的字符。需要注意的是,Text.Range () 函数的起始字符位置序号是从 0 开始的,而不是从 1 开始的。

步骤 5 单击"确定"按钮,就得到了"编码"列,如图13.30所示。

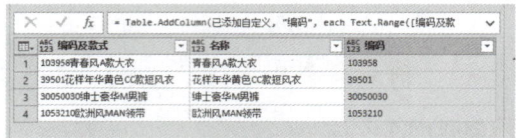

图13.29 添加自定义列以提取编码　　图13.30 提取完成的"编码"和"名称"列

步骤 6 将"名称"列和"编码"列互换位置,然后将查询关闭并上载至表,就得到了需要的结果,如图13.31所示。

打开"高级编辑器"对话框,可以看到完整的 M 公式,如图13.32所示。

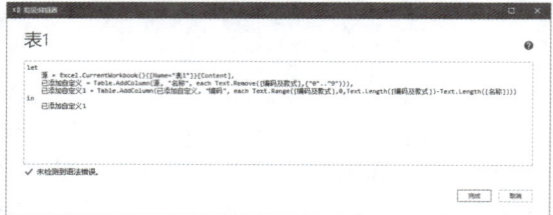

图13.31 完成的分列　　图13.32 完整的M公式

案例13.2

图 13.33 是一个数字和英文字母连在一起的原始数据,数字是科目编码,字母是英文科目名称,现在要把科目编码和科目名称分成两列。

与案例 13.1 方法基本相同:先剔除数字,把英文名称提取出来,再提取左侧的数字。这里就不再详细介绍步骤了,仅列出两个自定义列公式。

提取的科目名称公式如下:

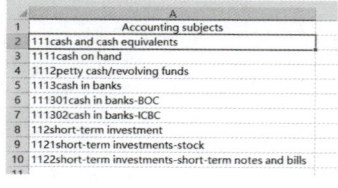

图13.33 数字和英文字母连在一起

= Text.Remove([Accounting subjects],{"0".."9"})

提取的科目编码公式如下：

= Text.Range([Accounting subjects],0,Text.Length([Accounting subjects])-Text.Length([科目名称]))

提取科目编码公式也可做成嵌套，公式如下：

= Text.Range([Accounting subjects],0,Text.Length([Accounting subjects])-Text.Length(Text.Remove([Accounting subjects],{"0".."9"})))

分列查询结果如图 13.34 所示。

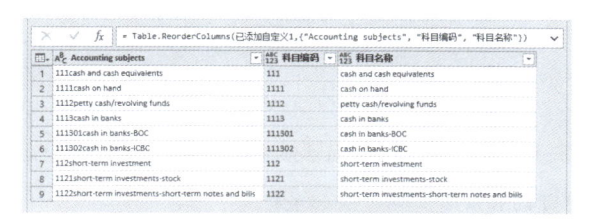

图13.34　完成分列的"科目编码"和"科目名称"列

13.4.2　从身份证号码中提取生日和性别

案例13.3

在第 3 章介绍过利用编辑器向导操作的方法来从身份证号码中提取出生日期和性别，如图 13.35 所示。这里，可以直接利用 M 函数来完成。

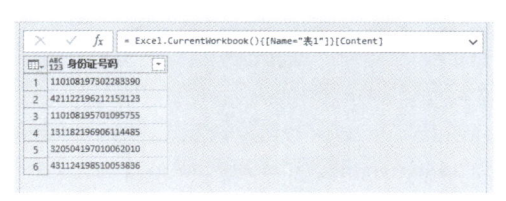

图13.35　身份证号码

为查询添加自定义列，提取出生日期，自定义列公式如下。

（1）提取出生日期的自定义列公式如下：

= Date.FromText(Text.Range([身份证号码],6,8))

这里先使用 Text.Range() 函数提取生日数字，再使用 Date.FromText() 函数将生日数字转换为日期。

（2）提取性别的自主义列公式如下：

= if Number.IsEven(Number.FromText(Text.Range([身份证号码],16,1)))= true then "女" else "男"

这里首先使用 Text.Range() 函数提取代表性别的第 17 位数字，并用 Number.FromText() 函数将其转换为数字，再用 Number.IsEven() 函数判断其是否为偶数，最后使用 if 语句进行判断处理。

图13.36　使用M公式提取"出生日期"和"性别"列

最后的结果如图 13.36 所示。

13.4.3 计算迟到分钟数和早退分钟数

案例13.4

图 13.37 的前 4 列是考勤打卡时间数据，后两列是添加的自定义列，分别记录了迟到分钟数和早退分钟数。其中，正常出勤时间是 8:30—17:00。

图13.37 计算迟到分钟数和早退分钟数

（1）计算迟到分钟数的自定义列公式如下：

= if[签到时间]>Time.FromText("8:30") then ([签到时间]-Time.FromText("8:30"))*1440 else 0

（2）计算早退分钟数的自定义列公式如下：

= if[签退时间]<Time.FromText("17:00") then (Time.FromText("17:00")-[签退时间])*1440 else 0

当添加自定义列后，得到的迟到分钟数和早退分钟数的数据类型不正确，如图 13.38 所示。此时，需要把迟到分钟数和早退分钟数的数据类型设置为"整数"。

图13.38 迟到分钟数和早退分钟数的数据类型不正确

最后，再将迟到分钟数和早退分钟数两列的数字 0 替换为空值（null），这样再将数据导入到 Excel 表格时，单元格就不会显示数字 0 了。